동궐의 우리 새

동궐의 우리 새

장석신 지음
원병오 감수

눌와

추천의 글

동궐의 새를 불러 모은,
끈질긴 탐조와 취미

새는 이동성이 크고 변화무쌍한 동물이다. 게다가 조그만 환경의 변화에도 무척 예민하다. 따라서 조류를 대상으로 한 야외 생물학의 성취에는 특히나 끈질긴 탐조와 노력, 취미가 있어야 한다.

지은이 장석신은 아마추어이지만 이미 훌륭한 조류학자이다. 2002년 이래 약 7년 동안 변화한 서울 도심에서, 그것도 사람들이 참으로 많이 드나드는 동궐에서 새를 관찰하며 촬영해 왔다. 처음에는 우연과 호기심이 발동하여 시작한 일이었겠으나, 그는 뭐라 형언하기 힘들 정도의 끈질긴 노력을 쏟았다. 이로써 거둔 성과가 하나의 책을 만들 정도가 되었다.

생물의 분류학상 소속이나 명칭을 정하는 일을 '동정(同定, identification)'이라고 한다. 지금까지 알려진 모든 정보에 관한 충분한 조회와 숙지 그리고 지속된 현장 경험 없이는 하나의 종을 동정할 수 없다. 더군다나 종을 손에 쥐고서가 아니라 육안으로 관찰하기에 동정은 매우 혼란스러울 수밖에 없다. 많은 이가 본의 아니게 오류를 불러일으키곤 하는 것이 이 때문이다.

야외에서 촬영한 사진만 가지고 동정하려면, 오랜 기간에 거듭된 경험이 있어야만 한다. 지은이는 오랫동안 시종 치밀하게 촬영하였고 관찰하였다. 의문이 있을 때에는 학자나 전문가들과 토의하였다. 그리고 동정한 성과가 바로 이 책이다. 특히 종별 번식 생활사와 계절적 분포, 새가 먹는 종자식물 등의 관찰은 우리 학계에서 주목할 만한 그리고 괄목할 만한 새로운 성과이다.

궁궐의 생태에 관해서는 《궁궐의 우리 나무》(박상진, 2001, 눌와) 등 여러 성과가 있었으나, 새의 분야에서는 아직까지 오로지 이 책자가 있을 뿐이다. 국내외 많은 관람객이 찾는 서울 동궐에서 볼 수 있는 새를 총망라하여 빠짐없이 소개한 이 책 《동궐의 우리 새》가 새를 사랑하는, 새를 사랑하게 될 많은 이를 기쁘게 하리라 믿어 의심치 않는다.

그동안의 노고에 충심으로 경의와 축하의 인사를 보낸다.

2009년 11월
경희대 명예교수 원병오

머리글

동궐에서 묻다,
저 새 이름은 뭘까?

　2002년 봄, 20여 년 만에 창경궁을 관람하던 중 이름 모를 새가 가까이 날아와 나무에 앉기에 우연히 사진을 찍었다. 새 이름이 궁금하던 차에 조류 사진을 촬영하는 김회중 선생님을 만나 새 이름을 물었더니, 청딱따구리라고 알려주며 "창경궁에서 40종 이상의 새들을 관찰할 수 있다"고 하였다. 호기심이 생겨 창경궁과 종묘에서 새들의 사진을 찍기 시작하였고, 김 선생님은 소장하고 있던 서적과 새로 구입한 서적들까지 먼저 보도록 배려하며 많은 가르침을 주었다. 그 후 5년간 주말마다 김 선생님과 함께 탐사를 하였다.
　2004년 8월 50여 종의 새들을 사진 촬영하게 되었을 무렵, 창경궁에서 국민일보 곽경근 기자님을 만났다. 곽 기자님의 배려로 국민일보 생태조사팀에 합류하게 되어, 당시에는 민간에게 공개되지 않던 후원을 포함하여 창덕궁 전역을 2004년 9월부터 2008년 8월까지 4년간 조류 탐사를 할 수 있었다.

　지난 7년여 동안 동궐(창덕궁과 창경궁)과 종묘에서 112종의 새를 관찰하였고, 그 가운데 100종을 이 책《동궐의 우리 새》에 수록하였다. 100종 이외에 뻐꾸기, 집비둘기, 북방쇠박새, 쇠백로, 양진이, 제비, 호반새, 흰눈썹지빠귀 등 8종은 사진 촬영을 하였고, 메추라기와 물레새 2종은 육안으로 관찰하였으며, 검은등뻐꾸기와 쏙독새 2종은 소리로 확인할 수 있었다. 동궐에서 번식이 확인된 새는 텃새 20종과 여름새 10종이다. 창덕궁과 창경궁, 종묘는 하나로 연결된 생태 축을 이루고 있어, 새들에게는 모두 하나의 서식지이자 이동 통로이기에 '동궐의 우리 새'라는 제목을 붙였다.

이러한 생태조사 결과는 국민일보 2004년 8월 "궁궐은 새들의 낙원", 2006년 2월 "도심의 진객 까막딱따구리 창덕궁서 발견" 등의 제목으로 보도되었고, 2007년 10월에는 90종의 새 사진을 모아 '궁궐의 새'(문화재청 발행)라는 제목의 안내지를 내기도 하였다. 또 촬영한 사진을 담은 CD에 '동궐의 새'라는 이름을 붙여 탐사 기간에 만난, 새에 관심이 있는 국내외 100여 분에게 드리기도 하였다. 이 책은 이러한 모든 과정과 성과를 나름대로 정리한 결과물이다.

2004년 9월, 국민일보 생태조사팀 자문위원이시던 원로 조류학자 원병오 박사님을 처음 뵌 후로 많은 가르침을 받았다. 박사님은 흰눈썹울새, 북방쇠박새 등을 분류해 주셨고, 귀한 자료들까지 보내주셨다.
무엇보다 관찰한 내용을 토대로 직접 책을 써보라는 박사님의 권유와 격려가 있었기에, 이 책을 낼 수 있었다. 《동궐의 우리 새》가 지난 7년여 동안 동궐에서 만나 새들에 대하여 궁금해 하던 국내외 관람객들과 새를 사랑하는 분들에게 작은 도움이 되기를 바란다.

탐사 기간 동안 협조해 주신 창덕궁, 창경궁, 종묘의 직원분들에게 감사드리며, 허술한 원고를 다듬어 책을 만들어 준 눌와 편집부 여러분에게도 감사드린다. 새에 대해 가르쳐 준 김회중 선생님, 동궐의 후원을 관찰할 기회를 주고 보도해 준 곽경근 기자님, 그리고 지난 5년 동안 지도해 주시고 이 책을 감수까지 해주신 원병오 박사님께 심심한 감사를 드린다.
끝으로 동궐의 일부로 받아들여 따르며 곁을 내준 '동궐의 우리 새'들에게 이 책을 바친다.

2009년 11월
장석신

차례

추천의 글 동궐의 새를 불러 모은, 끈질긴 탐조와 취미 4
머리글 동궐에서 묻다, 저 새 이름은 뭘까? 6

동궐에서의 탐조 수칙과 요령 11
창경궁·창덕궁·종묘 지도 12
일러두기 16
동궐의 새와 친해지기 18

창경궁

까치	40	깝작도요	114
직박구리	46	밀화부리	116
참새	50	쇠유리새	118
오목눈이	54	숲새	120
딱새	58	흰눈썹황금새	122
굴뚝새	62	노랑할미새	124
멧비둘기	64	알락할미새	128
꿩	68	백할미새	132
새매	70	큰부리밀화부리	134
황조롱이	72	콩새	136
원앙	74	되새	138
청둥오리	80	개똥지빠귀	140
흰뺨검둥오리	86	노랑지빠귀	142
왜가리	90	흰배지빠귀	144
중대백로	94	황여새	146
해오라기	98	홍여새	148
검은댕기해오라기	102	상모솔새	150
흰날개해오라기	106	쇠동고비	152
물총새	110	흰머리오목눈이	154

쇠오리	158
큰기러기	162
논병아리	164
유리딱새	166
울새	170
흰눈썹울새	172
검은지빠귀	174
솔딱새	176
노랑딱새	178
힝둥새	182
꼬까참새	184
촉새	186
노랑눈썹멧새	188
노랑눈썹솔새	190
쇠솔새	192
되솔새	192
흰눈썹긴발톱할미새	194
은빛찌르레기	196

창덕궁

쇠딱따구리	200
아물쇠딱따구리	204
오색딱따구리	206
큰오색딱따구리	212
청딱따구리	216
까막딱따구리	220
큰부리까마귀	222
어치	226
붉은머리오목눈이	230
동고비	234
노랑턱멧새	238
때까치	240
노랑때까치	242
칡때까치	244
되지빠귀	246
호랑지빠귀	248
검은딱새	252
꾀꼬리	254
파랑새	256
소쩍새	260
후투티	264
휘파람새	268
산솔새	270
큰유리새	272
찌르레기	274
붉은배새매	276
참매	280
말똥가리	282
검은머리방울새	284
나무발발이	286
쑥새	288
흰눈썹붉은배지빠귀	290
진홍가슴	292
쇠솔딱새	294
제비딱새	296
흰배멧새	298
한국동박새	300
꺅도요	302

 **종묘**

박새	306	곤줄박이	316
쇠박새	310	솔부엉이	320
진박새	314	새호리기	326

용어 설명	332
동궐의 새 목록	334
참고문헌	342
찾아보기	343

모아 보기

귀소 본능 뛰어난 비둘기류	67
희고 깨끗함을 상징하는 백로류	109
긴 꽁지를 잘 흔드는 할미새류	131
날쌘 곤충잡이 딱새류	181
나무 의사 딱따구리	215
숲을 건강하게 해주는 박새류	319
밤눈 좋은 올빼미류와 부엉이류	325

문화재청에서 정한 궁궐의 관람 수칙을 준수한다.
궁궐은 탐조지이기 이전에 귀중한 문화유산이므로, 궁궐의 관람 수칙을 준수하는 것이 가장 중요하다. 문화재와 주변의 자연환경이 훼손되지 않도록 주의하여야 한다.

새들의 번식을 방해하지 않도록 조심한다.
번식 기간에 둥지를 찾아 번식을 방해하거나 새들을 놀라게 하지 않는다.

새에게 과자와 같은 음식물을 주지 않는다.
특히 궁궐 내에서 집비둘기에게 먹이 주는 것을 엄격히 금하고 있다.

궁궐의 관람로를 따라 새들을 관찰한다.
까치, 직박구리, 참새 등의 텃새들은 사람들이 관람로로 다닌다는 사실을 잘 알고 있다. 그런데 갑자기 관람로를 벗어나 접근하면 놀란 텃새들이 경계하여 달아나버리고, 다른 철새들도 텃새를 따라 달아나 숨어버려 새를 관찰할 기회를 잃게 된다.

새를 발견하면 새가 안심할 수 있도록 잠시 행동을 멈춘다.
탐조 시 일행은 2~3명 이하가 적당하고 소리를 내지 않아야 하며, 혼자 천천히 걷는 것이 가장 효과적이다.

관찰 시기와 장소를 잘 선택한다.
붙박이 텃새들은 대부분 연중 관찰이 가능하지만, 떠돌이 텃새나 철새들은 동궐에서 관찰할 수 있는 시기가 각각 다르다. 또 새들의 습성에 따라 관찰할 수 있는 장소도 다르다. 계절별로는 낙엽이 지고 난 후의 늦가을에서 초봄까지, 하루 중에는 새들의 활동이 많은 아침과 저녁 무렵, 장소로는 새들의 먹이가 되는 열매가 열리는 층층나무·말채나무·팥배나무·황벽나무 등의 주변에서 새들을 관찰할 기회가 많다. 이 책의 안내 지도와 관찰 시기와 장소에 대한 설명을 참조하면 도움이 될 것이다.

관찰이 예상되는 장소에서 새들을 기다린다.
새들은 시력과 청력이 뛰어나 사람이 접근하면 재빠르게 숨어버리므로, 새를 찾아다니기보다는 새가 자주 관찰되는 장소에서 5~10분 정도 조용히 기다리는 편이 더 좋다.

새에 대한 관찰 기록을 남기거나 사진 촬영을 하여 정리한다.
새를 잘 관찰하기 위해서는 새 도감과 쌍안경, 사진기 등이 필요하다. 새를 관찰하거나 촬영한 후에는 관찰 내용과 더불어 장소와 시간, 주변 환경 등을 기록하여 정리한다.

창경궁 · 창덕궁 · 종묘 지도

창경궁

1484년 성종 때 수강궁 터에 지은 조선시대 궁궐이다. 창덕궁과는 담장 하나를 사이에 두고 있으며 창덕궁과 함께 '동궐東闕'이라 불렸다. 남향으로 자리 잡은 다른 궁궐과는 달리 동향을 하고 있는 점이 특색이다. 일제강점기에 궁궐 안의 전각들이 헐리는 등 수난을 겪었으나, 1984년 궁궐 복원사업이 시작되어 일부 복원되었다.

관람안내
- 3월~10월 09:00~18:00 (주말·공휴일은 19:00까지) / 11월~2월 09:00~17:30
- 마감 1시간 전까지 입장해야 하며 매주 화요일은 쉰다.
- http://cgg.cha.go.kr / 02-762-4868

창덕궁

1405년 태종 때 법궁法宮인 경복궁에 이어 이궁離宮으로 창건되었다. 왕과 신하들이 정사를 돌보던 외전과 왕과 왕비의 생활공간인 내전, 그리고 휴식공간인 후원後苑으로 나누어진다. 울창한 숲과 연못, 크고 작은 정자들이 마련된 후원은 뛰어난 자연경관을 잘 살리고 있다. 창덕궁은 유네스코 세계문화유산으로 등재되었다.

관람안내 (내국인)
- 4월 1일~9월 30일 09:15~17:15 / 10월 1일~3월 15일 09:15~15:45
  3월 16일~3월 31일 09:15~16:45 (매시 15분, 매시 45분 입장)
- 개인별 자유 관람은 4월~11월 매주 목요일에만 가능하며, 매주 월요일은 쉰다.
- www.cdg.go.kr / 02-762-8261

종묘

조선왕조의 왕과 왕비, 그리고 죽은 후 왕으로 추존된 왕과 왕비의 신위를 모시는 사당이다. 1394년 태조 때 한양으로 도읍을 옮기면서 짓기 시작하여 그 이듬해에 완성되었다. 중심 공간인 정전을 비롯하여 영녕전과 주변 환경이 원형 그대로 보존되어 있고 종묘제례와 음악·춤의 원형이 잘 계승되어 유네스코 세계문화유산으로 등재되었다.

관람안내
- 3월~10월 09:00~18:00 / 11월~2월 09:00~17:30
- 마감 1시간 전까지 입장해야 하며 매주 화요일은 쉰다.
- http://jm.cha.go.kr / 02-765-0195

(2009년 11월 현재 기준)

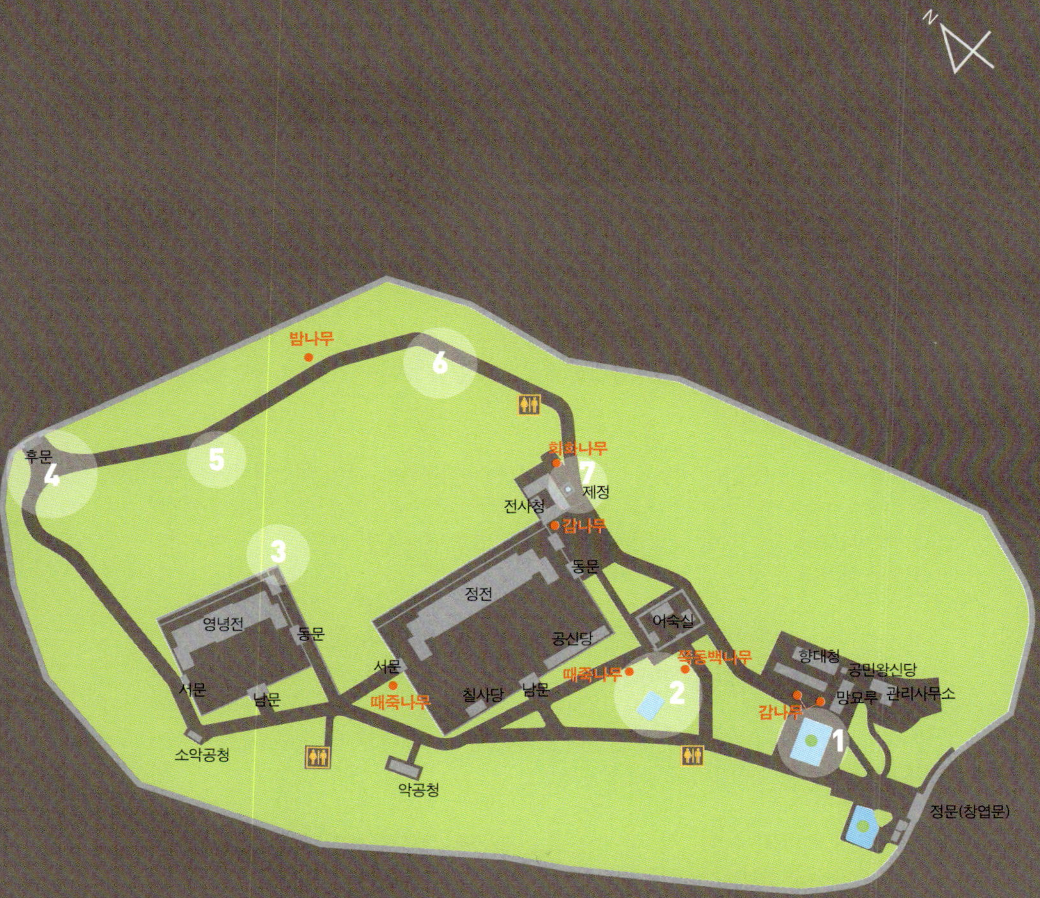

종묘

1 종묘 입구 동쪽 연못
2 정전 남쪽 연못
3 영녕전 북동쪽(영녕전 포함)
4 종묘 북서쪽
5 종묘 북쪽 길
6 종묘 북동쪽
7 종묘 제정 주변

🚻 화장실
● 새들이 좋아하는 나무

일러두기

- 《동궐의 우리 새》는 2002년 5월부터 2009년 9월까지 창경궁·창덕궁·종묘에서 관찰된 새 112종 중에서 100종을 수록하였다. 이 책에 실린 사진은 2002년 5월부터 2009년 9월까지 창경궁·창덕궁·종묘에서 관찰된 새를 촬영한 것이다.

- 창경궁과 창덕궁, 종묘에서 관찰된 새를 다루었으나 모두 '동궐의 새'로 칭하였다. 창덕궁과 이웃한 창경궁은 서울의 동쪽에 있다 하여 함께 '동궐'로 불렀다. 장소를 동궐과 종묘로만 한정하였기에 우리나라 전역에서의 텃새·철새 분류, 관찰 시기, 관찰 빈도와는 다른 부분이 있다.

- 새 100종을 크게 창경궁 – 창덕궁 – 종묘로 나누어 배열하였다. 각 궁궐 안에서는 텃새 – 여름새 – 겨울새 – 나그네새 순으로, 다시 그 안에서는 궁궐에서 쉽게 만날 수 있는 순서대로 배치하였다. 또 가능한 한 같은 '목', 같은 '과' 별로 배치하여 개체의 특성을 비교하기 쉽도록 하였다.

- 각 궁궐의 지도에 표시한 '탐조 지점'에는 탐조 순서를 고려하여 번호를 붙였다. 다만 창덕궁에서는 관람객의 왕래가 비교적 적은 신선원전 쪽으로 돌아보는 것이 새를 발견하기에 더 좋아, 일반적인 관람 순서와는 반대로 번호를 매겼다. 이는 개인별 자유 관람일에만 돌아볼 수 있는 동선임을 밝힌다. 본문에 제시된 '탐조 지점' 번호를 지도에서 찾으면 새가 주로 발견되는 영역을 쉽게 찾아볼 수 있다.

- 수컷, 암컷, 어미새, 새끼새, 여름깃, 겨울깃 등 생생하고 다양한 사진을 싣고 해설문을 붙였다. 다만 암수나 여름깃·겨울깃의 식별이 어려운 경우가 있으므로 뚜렷한 차이를 보이는 경우에 한해 설명하였다. 또 사진에는 촬영 일자와 장소를 기록하였다. 촬영 일자는 연도와 월까지만 기록하였으나, 시간의 흐름에 따른 변화를 보여주는 사진(예. 번식 사진)에서는 연월일을 모두 표기하였다.

- 〈동궐의 새와 친해지기〉에서는 각각의 새들을 보기 전에 알아 두면 좋을 새의 이동, 번식하기, 먹이 구하기, 깃털 관리 등에 대해 사진과 함께 설명하여 독자의 이해를 돕고자 했다.

- 장소별로 또는 텃새와 철새로 나뉘어 배치된 같은 '과'의 새들을 따로 모아 〈모아 보기〉를 만들었다. 같은 분류군끼리 비교하면서 종을 식별하고 생태를 파악할 수 있다.

- 〈동궐의 새 목록〉에서는 창경궁·창덕궁·종묘에서 관찰된 새 112종 도두를 '한국조류목록'에 따라 '목'과 '과'별로 분류하고 한글명과 영어명, 학명을 함께 표기 정리하였다.

동궐의 새와 친해지기

새의 이동

텃새는 일정 지역에서 서식과 번식을 하므로 사는 지역을 서식지라 하고, 철새는 대부분 번식을 위해 이동하므로 번식지와 월동지로 나눈다. 철새는 대부분 더 나은 번식 환경을 찾아 길고 험난한 여행을 하는데, 우리나라에서 관찰되는 시기에 따라 여름새, 겨울새, 나그네새로 구분된다.

텃새

텃새는 알에서 깨어나 죽을 때까지 일정 지역을 크게 벗어나지 않고 한곳에서 살아가기 때문에 1년 내내 관찰할 수 있다. 동굴에서 만난 텃새는 천연기념물 4종(까막딱따구리, 새매, 원앙, 황조롱이)과 희귀새인 아물쇠딱따구리 1종을 포함하여 모두 32종이다. 이 가운데 20종은 동굴에서 번식하는 것을 확인하였다. 이 중에서 1년 내내 동굴에 머무는 새를 '붙박이 텃새', 여름엔 높은 산으로 들어가고 겨울엔 추위를 피해 평지나 남쪽으로 옮겨 다니는 종류를 '떠돌이 텃새'라 한다. 단, 같은 종이라도 일부는 철새이고 일부는 붙박이 텃새 또는 떠돌이 텃새인 경우도 적지 않다.

동궐의 붙박이 텃새 17종		동궐의 떠돌이 텃새 15종	
원앙, 까치 직박구리 참새, 꿩 멧비둘기, 집비둘기 박새, 쇠박새 붉은머리오목눈이 어치, 쇠딱따구리 오색딱따구리 큰오색딱따구리 청딱따구리 청둥오리	동궐에서 번식	노랑턱멧새, 딱새, 오목눈이	동궐에서 번식 여름에는 잘 안 보임
		흰뺨검둥오리	번식기에만 동궐에 더물
		굴뚝새, 동고비, 진박새, 북방쇠박새	주로 겨울철에 관찰됨
		곤줄박이	가을~봄까지 동궐어 머뭄 여름에는 잘 안 보임
		때까치	봄·가을에 동궐을 지나감 동궐에서 번식하지 않음
		큰부리까마귀	여러 해 번식 시도했으나 까치·파랑새에게 몰려 실패
		새매, 황조롱이	가끔 동궐에 나타남
왜가리	동궐에서 번식하지 않음	아물쇠딱따구리	2002년부터 5년간 관찰, 동궐에서의 번식 확인 못함 2006년 이후 보이지 않음
		까막딱따구리	2006년 2월 한 달간 담컷 관찰

여름새와 겨울새

철새는 번식지와 월동지가 달라 계절에 따라 옮겨 다니는데, 그 이동 거리가 매우 먼 경우 철새라 한다. 여름새, 겨울새, 나그네새 모두 철새이다. 철새는 텃새와 달리 화려한 색을 띠고, 먼 거리를 날아갈 수 있도록 날개가 길고 뾰족하며 매끈한 것이 특징이다. 여름새가 겨울새보다 깃털이 좀더 화려하고 아름답다.

여름새는 이른 봄 대개 동남아시아 등 남쪽에서 날아와 우리나라에서 번식하고 가을에 다시 겨울을 지내기 위해 남쪽으로 이동하는 새를 말한다. 우리나라를 찾아오는 여름새는 꾀꼬리, 뻐꾸기, 제비, 백로류 등이 있으며, 주로 4월 말, 5월 초순부터 9월 초·중순까지 우리나라에 머문다. 동궐에서는 천연기념물 3종(붉은배새매, 소쩍새, 솔부엉이)을 포함하여 총 35종의 여름새를 만났다.

겨울새는 봄부터 여름에 걸쳐 주로 러시아 연해주와 시베리아 등지에서 번식하고 가을에 남하하여 우리나라에서 겨울을 지내는 새를 말한다. 우리나라에 찾아오는 겨울새는 100여 종이 넘는 것으로 알려져 있다. 동궐에서는 천연기념물로 지정된 참매 1종을 포함하여 총 22종을 만났다. 매년 월동하는 겨울새는 일부이고, 대부분은 지나가거나 잠시 머무른다.

겨울새이자 텃새인 원앙

나그네새와 길잃은새

한반도는 지리적으로 동아시아의 길목이어서 나그네새(통과새)를 볼 수 있다. 나그네새는 우리나라 북쪽의 시베리아와 러시아 연해주 지역에서 번식하고 동남아시아 등 남쪽에서 겨울을 나기 위해 이동하다가 봄과 가을에 우리나라를 지나가는 새로, 말하자면 우리나라를 '통과하는 새'인 셈이다. 우리나라의 나그네새는 대략 100여 종이 넘는데, 동궐에서는 한국동박새를 비롯하여 총 22종을 만났다.

동궐에서 만날 수 있는 새에는 텃새, 여름새, 겨울새, 나그네새 외에도 길잃은새(미조迷鳥)가 있다. 본래 우리나라에 오는 새가 아니라 태풍이나 바람, 기상의 급변 또는 기타 여러 원인으로 어쩌다가 한반도에 머물게 된, 길을 잃은 새로 동궐에서는 2006년 7월 창경궁 춘당지에서 은빛찌르레기를 관찰하였다.

동궐의 여름새 35종

검은댕기해오라기, 솔부엉이, 노랑할미새, 꾀꼬리, 파랑새, 소쩍새	동궐에서 번식
되지빠귀	2005년에 새끼 기르는 암컷 관찰
호랑지빠귀	2006, 2007년에 번식 관찰
새호리기	2003년에 어른새와 어린새 관찰
흰날개해오라기	늦봄에 관찰
해오라기	동궐에서의 번식 확인 못함
중대백로	2002, 2008, 2009년에 관찰
물총새, 제비	동궐에서 번식하지 않음
붉은배새매	2007년에 번식 관찰
후투티, 깝작도요, 밀화부리, 알락할미새, 흰눈썹황금새, 노랑때까치, 칡때까치, 숲새, 휘파람새, 쇠유리새, 큰유리새, 검은딱새, 찌르레기, 산솔새, 뻐꾸기, 쇠백로, 물레새, 호반새	이동 시기에 드물게 관찰될 뿐 동궐에 오래 머물지 않음
검은등뻐꾸기, 쏙독새	소리로 확인

동궐의 겨울새 22종

개똥지빠귀, 노랑지빠귀, 흰배지빠귀, 되새, 상모솔새	동궐에서 매년 관찰
나무발발이, 콩새, 말똥가리, 흰머리오목눈이	동궐에서 매년 관찰되지는 않음
검은머리방울새, 백할미새, 논병아리, 쇠오리, 메추라기	이동 시기에만 관찰됨
참매	2004, 2007년에 관찰
홍여새	2003년에 관찰
큰기러기	2004년에 관찰
쑥새	2004년에 관찰
쇠동고비	2003년에 암수 한 쌍 관찰
황여새, 큰부리밀화부리, 양진이	한 해에만 여러 차례 관찰

동궐의 나그네새 22종 · 길잃은새 1종

노랑눈썹솔새, 노랑딱새, 쇠솔새, 울새, 흰배멧새, 힝둥새	동궐에서 매년 관찰됨 봄보다는 가을에 더 오래 머묾
촉새	동궐에서 매년 봄에만 관찰됨
유리딱새	동궐에서 매년 봄·가을에 관찰됨 겨울에도 드물게 관찰됨
솔딱새, 솔새, 쇠솔딱새, 제비딱새	동궐에서 매년 관찰되지는 않음 드물게 가을에 주로 관찰됨
꼬까참새	2006년 5월에 암수 한 쌍 관찰
한국동박새	2004년 9월에 관찰
흰눈썹긴발톱할미새	2004년 9월에 관찰
흰눈썹울새	2005년 10월에 관찰
흰눈썹붉은배지빠귀, 진홍가슴, 검은지빠귀 흰눈썹지빠귀, 노랑눈썹멧새, 꺅도요	동궐에서 드물게 관찰됨
은빛찌르레기(*길잃은새)	2006년 7월에 관찰

번식하기

나뭇가지, 풀밭, 물 위, 자갈밭, 땅속, 처마 밑, 전봇대 위, 다리 밑 등 새들은 장소를 가리지 않고 거의 모든 곳에 둥지를 튼다. 둥지를 만들 때에는 마른 풀, 나뭇가지는 물론 진흙, 나무의 진, 종이, 철사 등 다양한 재료를 이용하며, 둥지의 모양 또한 바구니 모양, 공 모양, 대롱 모양, 맥주잔 모양 등 다양하다. 모양뿐만 아니라 크기도 다양한데, 대개는 제 몸이 들어갈 만한 크기이다.

산란

새는 대부분 1년에 한 번 알을 낳는다. 이는 새끼를 키워내고 남은 번식 기간 동안 다시 한 번 번식하기에는 시간이 충분하지 않기 때문이다. 일반적으로 산란은 둥지가 완성되었을 때 시작되며, 매일 이른 아침 알을 하나씩 낳는다. 알은 대체로 한쪽이 뾰족한 타원형이다. 잘못해서 구르게 되더라도 바로 제자리로 돌아올 수 있도록 진화했기 때문이다. 모양이나 크기, 색깔 등은 다양하며, 적에게 노출될 위험을 줄이기 위해 알록달록한 무늬를 가지는 경우도 많다. 한 마리의 새가 한 개의 둥지에 낳는 알의 수를 '1배 산란수'라고 하는데, 이는 새의 종류에 따라 다르며 대략 1~15개 정도이다.

포란

산란 후 부모 새가 자신의 몸으로 알을 따뜻하게 품는 과정을 포란이라 한다. 일반적으로 마지막 알을 낳기 전에 둥지에 앉아 알을 품기 시작하지만, 때로는 마지막 알을 낳고 1~3일 후에 품기 시작하는 경우도 있다. 포란은 한번 시작하면 마지막 알이 부화될 때까지 계속 하고, 소요 일수는 종에 따라 다양하다. 암수가 모두 포란에 참여하는 경우는 많으나, 수컷 단독으로 포란하는 경우는 거의 없다. 포란기 동안 수컷은 먹이나 둥지 재료를 물고 오거나 둥지 주변에서 경계한다. 스스로 자기 둥지를 지어 번식하지 않고 다른 새의 둥지에 알을 낳아 그 둥지의 어미새에게 자신의 새끼를 키우도록 하는 경우도 있는데, 이를 탁란托卵이라 한다. 탁란하는 대표적인 예가 뻐꾸기류이다.

육추 (새끼 기르기)

포란에 이어 새끼를 돌보는 활동이 육추이다. 새끼가 부화한 후 둥지에 남아 있는 알 껍질을 제거하고, 새끼에게 먹이를 물어다 주며, 새끼가 체온을 유지하도록 돕는다. 새끼의 배설물을 입에 물고 밖으로 나와 버리고 둥지를 깨끗이 하며 적으로부터 새끼를 방어하는 일도 육추에 포함된다. 보통 포란은 암컷이 주로 하여도, 부화 후에는 암수가 함께 새끼를 기른다. 오색딱따구리의 경우 주로 수컷이 먹이를 구해다 주었고, 붉은배새매도 수컷이 먹이를 구해 오면 암컷이 둥지에서 멀리 떨어진 곳에서 먹이를 넘겨받아 먹이를 다듬은 다음 새끼에게 주는 것을 관찰하였다.

청동오리의 새끼 기르기

| 동궐 원앙의 번식 |

깃털갈이와 번식쌍 정하기

동궐에 사는 수컷 원앙은 9월부터 깃털갈이를 시작하여 11월이면 대부분 화려한 깃털을 갖는다. 깃털갈이를 끝내면 10월 중순부터는 다음 해 번식을 위한 번식쌍을 정하는데, 수컷이 암컷보다 두 배나 많기 때문에 경쟁이 매우 치열하다. 선택권은 보통 암컷에게 있는 듯하다. 번식쌍을 정하는 동안에는 사람을 경계하여 모습을 잘 드러내지 않으며, 창경궁 춘당지 섬 안 산철쭉 뒤에 주로 숨어 있기 때문에 세심히 살펴야만 관찰할 수 있다.

번식

2003년과 2004년 4월 초순에 창경궁 춘당지에서 번식한 새끼 원앙을 볼 수 있었다. 둥지를 마련하는 데 1주, 산란에 2주, 포란에 4주가 걸렸다고 추정할 때 최소 7주 전인 2월부터 번식 둥지를 만들었다고 볼 수 있다. 동궐에서 관찰한 교미 중 가장 이른 시기는 2005년 1월 30일이다. 2003년 춘당지에서 7배, 종묘 입구 동쪽 연못에서 1배의 번식을 관찰하였고, 2005년과 2006년 창덕궁 부용지, 관람지, 신선원전 구역에서도 번식한 것을 볼 수 있었다. 동궐에서 해마다 10쌍 이상이 번식을 시도하는 것으로 보인다. 그러나 번식 성공률은 매우 낮아 2주를 넘기는 새끼가 드물며, 7~8배나 되는 80마리 이상의 새끼 중 5~6마리만이 살아남는다.

원앙의 교미

포란 중인 원앙 암컷과 둥지 속 알

원앙 새끼들

새끼 기르기

동궐의 원앙이 새끼를 기르기란 결코 쉽지 않다. 새끼 원앙들이 어미 원앙을 따라 춘당지와 소춘당지가 아닌 부용지, 애련지, 관람지 등 다른 작은 연못으로 들어가면 밖으로 나오지 못하고 먹이도 별로 없어서 그 연못 안에서 죽는 일이 빈번하다. 또 새끼 원앙들이 청둥오리나 다른 어미 원앙에게 공격을 받아 퇴수로를 통해 옥천으로 떨어지는 사고가 종종 벌어진다. 주로 암컷이 새끼를 보호하지만 창경궁의 원앙 중에는 암수가 함께 보호하는 경우도 있다. 2003년 3월에는 옥천 상류 맨홀 속으로 떨어진 새끼들을 찾아 돌아다니는 수컷 한 마리를 볼 수 있었다. 새끼들을 구해 주었더니, 암수가 함께 새끼들을 데리고 춘당지로 돌아갔다.

새끼를 찾아다니는 원앙 수컷을 보고 옥천에 빠진 새끼를 구해 돌려보냈더니, 춘당지에 원앙 가족이 다시 모였다.

창덕궁 관람지에서는 관람정의 돌로 된 물받이를 이용하여 새끼 원앙들이 어미새를 따라 연못 밖으로 빠져나올 수 있지만, 부용지와 애련지에 들어가면 밖으로 나올 수 없어 살아남기 어렵다. 다른 배의 새끼 원앙들과 먹이를 다투다가 다른 어미의 공격을 받아 죽는 경우도 있다. 청둥오리나 흰뺨검둥오리의 번식과 겹쳐서 공격을 받고 죽는 경우도 보았다.

종묘 입구 동쪽 연못에서도 해마다 번식하지만, 대부분 2주 내에 죽고 만다. 2004년 종묘에서 번식한 새끼 원앙이 이틀에 걸쳐 어미를 따라 창경궁 춘당지로 이동한 예도 있었다. 2006년 종묘 입구 서쪽 연못에서는 종묘 관리소 직원의 보살핌으로 겨우 새끼 한 마리가 살아남았다.

각인 혼란

부화한 후에 어미와 새끼들이 서로 알아보려면 2~3일의 시간이 필요하다. 2005년 6월 초 창덕궁 관람지에 하루 차이로 부화한 2배 27마리 새끼 원앙들이 한 무리로 섞이자, 어미 원앙 2마리가 새끼를 서로 차지하려고 다투는 것을 보았다. 원앙의 알은 크기가 달걀만큼 커서 27개를 한 어미가 부화시키기는 어렵다. 동궐에서는 1배 최대 16마리의 새끼 원앙을 관찰하였다.

각인 혼란으로 원앙 새끼 27마리가 한 무리가 되어, 어미 원앙 둘이 서로 자기 새끼라며 다투었다.

| 동굴 되지빠귀의 번식 |

일시 2005년 5월 중순~6월 초순 | 장소 창덕궁 서쪽 솔밭 북쪽

먹이 구하기

새들은 잘 날기 위하여 몸무게를 줄이는 방향으로 진화해 왔다. 그래서 위장 길이도 짧아 소화 시간이 짧기 때문에 먹이를 자주 먹는다. 따라서 새들의 먹이를 알면 새를 관찰하는 데 큰 도움이 된다. 동궐의 새들도 각각 그들의 먹이가 있는 곳에서 자주 관찰된다.

곤충과 물고기 사냥

씨앗이나 열매 같은 식물성 먹이를 주로 먹는 새들도 곤충과 애벌레를 잘 먹는다. 특히 번식기에는 주로 곤충과 거미들을 잡아 새끼를 기르며, 번식기가 지나도 곤충이나 애벌레들을 곧잘 잡아먹는다. 가을철 저녁 무렵이면 하늘 높이 날아다니면서 하루살이 같은 날벌레를 잡아먹는 제비를 볼 수 있고, 초겨울에는 말벌집을 뚫어 애벌레를 잡아먹는 곤줄박이나 박새 같은 작은 새들을 볼 수 있다. 딱따구리류는 겨울에는 나무를 쪼아 벌레를 잡아먹고, 가을에는 나무 열매를 잘 먹는다. 왜가리, 검은댕기해오라기, 해오라기 등은 물고기를 주로 잡아먹지만 잠자리 같은 곤충을 잡아먹기도 한다.

잠자리를 잡은 중대백로

물고기를 사냥한 물총새

열매 채취와 수액 먹기

씨앗이나 열매 같은 식물성 먹이에 대한 선호도는 종별마다 조금씩 차이가 있다. 동궐에서는 한여름부터 초가을까지 직박구리, 까치, 멧비둘기, 청딱따구리 등이 층층나무 열매와 말채나무 열매를 잘 먹고, 늦가을부터 겨울까지는 까치, 직박구리, 참새, 박새, 오색딱따구리, 청딱따구리와 같은 붙박이 철새와 개똥지빠귀, 노랑지빠귀, 흰배지빠귀 같은 겨울새가 감과 팥배나무 열매를 잘 먹는다. 곤줄박이는 쪽동백나무와 때죽나무의 단단한 열매를 즐겨 먹는다. 한겨울에는 노랑지빠귀와 직박구리 등이 황벽나무 열매와 산수유 열매를 먹는 것을 보았다. 창덕궁 낙선재 남쪽 정원에서는 오색딱따구리 1마리가 나무 틈새에 살구 씨를 끼워 고정시킨 뒤 그것을 깨뜨려 속을 파먹는 것을 관찰하였는데, 정원 바닥에는 오색딱따구리가 먹고 버린 빈 껍질이 즐비했다.

부리에 살구 씨가 묻은 오색딱따구리. 나무 틈새에 살구 씨를 끼워 고정시킨 뒤 깨뜨려 속을 파 먹는다.

먹이가 귀한 겨울철에는 직박구리와 지빠귀류가 같은 먹이를 놓고 자주 다툰다. 겨울새인 노랑지빠귀 10여 마리가 무리를 지어 텃새인 직박구리들과 다투기도 하고, 혼자 겨울을 지내는 흰배지빠귀는 직박구리가 없을 때 열매를 먹는다. 박새나 참새 같은 작은 새들은 바닥에서 풀씨나 작은 씨앗을 먹고, 멧비둘기는 낙엽을 뒤져 먹이를 찾으며, 붉은머리오목눈이는 20~30마리씩 무리를 지어 진달래와 산철쭉 같은 관목을 돌아다니며 씨앗을 찾아 먹는다.

한겨울 동궐의 연못과 창경궁의 옥천이 얼면 물을 구하기도 어려운지, 눈을 먹고 있는 진박새, 유리딱새, 노랑지빠귀, 오색딱따구리 등을 볼 수 있었다. 봄철 나무에 물이 오르는 시기에는 아물쇠딱따구리, 곤줄박이, 박새, 쇠박새, 진박새, 오목눈이, 직박구리 등이 나무줄기에 구멍을 뚫어 흐르는 수액을 먹는다.

| 새들이 좋아하는 나무 열매 |

황벽나무

초여름에 손톱만 한 원뿔 꽃차례에 작고 노란 꽃이 여러 개 달린다. 작은 구슬 같은 열매는 검은 빛으로 익는데, 한겨울에 노랑지빠귀, 직박구리 등이 잘 먹는다.

황벽나무 열매를 먹는 노랑지빠귀

나무껍질

꽃

팥배나무

늦봄에 작은 꽃들이 무리 지어 피고 가을부터 초겨울까지 팥알만 한 작은 배 모양의 붉은 열매가 가득 열린다. 열매의 맛이 시금털털하여 사람들은 잘 먹지 않으나 새들에게는 진수성찬이다.

팥배나무 열매를 먹는 직박구리

나무껍질

꽃

말채나무

새하얀 꽃이 초여름에 많이 핀다. 둥근 열매는 가을에 까맣게 익으며 육질로 둘러싸인 속에 단단한 종자가 들어 있는데, 딱새류를 비롯하여 새들이 좋아한다.

나무껍질

꽃

말채나무 열매를 먹는
노랑딱새

산수유

이른 봄에 노란 꽃망울을 터뜨리고 가을이 깊어지면 갸름한 오이씨처럼 생긴 초록색 열매가 점차 맑은 선홍색으로 익는다. 지빠귀류를 비롯하여 새들이 즐겨 먹으며, 박새류는 과육은 버리고 씨앗만 먹는다.

수형

꽃

산수유 열매를 먹는
개똥지빠귀

수액을 먹는 쇠박새.
새들이 뚫어 놓은 구멍에서 수액이 흐른다.

풀뿌리를 찾는 큰기러기

눈을 먹는 곤줄박이

먹이를 저장하는 곤줄박이

먹이 저장

까치, 어치, 곤줄박이 같은 붙박이 텃새들은 먹이를 구하기 힘든 겨울철을 대비하여 먹이를 저장하는 습성이 있다. 늦가을에 어치가 도토리를 저장하는 것을 관찰하였고, 박새, 곤줄박이가 먹이를 저장하는 모습도 볼 수 있었다. 까치는 겨울이 아니더라도 먹이를 주면 우선 땅에 묻어 저장하는데, 새끼에게 솔방울을 땅속에 묻어 먹이 저장하는 방법을 연습시키는 모습을 관찰한 적이 있다.

깃털 관리

새와 다른 동물과의 가장 큰 차이점은 깃털이다. 크게 솜깃털, 몸깃털, 꽁지깃털, 날개깃털로 이루어지는 새의 깃털은 체온을 유지하거나 날 수 있기 위한 기본 장치일 뿐만 아니라 짝짓기 할 때 상대방을 유인하는 장식이 되기도 한다. 이처럼 소중한 깃털이기에 새들은 깃털을 깨끗하고 가지런하게 관리하기 위해 여러 방법을 동원한다.

깃털 관리

첫 번째는 '기지개 켜기'. 새들은 잠을 자거나 잠시 쉬었다가 일어날 때 사람처럼 기지개를 켜며, 때때로 날개깃을 가지런히 하기 위해 날개를 쭉 펴기도 한다. 기지개를 켤 때는 날개를 한쪽씩 차례대로 뻗는데, 잠에서 깬 청둥오리는 두 날개로 기지개를 켜기도 한다.

기지개 켜는 후투티(오른쪽)와 청둥오리

두 번째는 '깃털 다듬기'. 안전한 장소를 찾아, 가령 나뭇가지에 앉는다든가 하여 부리로 날개깃과 꽁지깃을 하나하나 가지런히 다듬고, 가슴과 등의 깃털도 정리한다.

깃털을 다듬는 해오라기

목욕하는 청둥오리(왼쪽)와 멧비둘기

　세 번째는 '목욕하기'. 물에서 생활하는 원앙과 청둥오리 등 오리류는 잠수하여 온몸을 적신 다음 날갯짓을 몇 차례 하여 물을 털어낸 뒤 부리로 정성껏 날개깃과 꽁지깃을 가다듬고, 꽁지깃의 뿌리 부분에서 나오는 방수액(우지선羽脂腺)을 깃털에 바른다. 얕고 깨끗한 물을 찾아 몸을 적신 뒤 나뭇가지에 앉아 몸을 떨어 물을 털어내는 새들도 있다. 참새와 비둘기는 햇볕을 받아 따뜻해진 모래에 몸을 반쯤 묻는 '모래 목욕'을 하기도 한다. 목욕은 깃털 관리를 위한 행위이지만 한여름 더위가 심할 때면 몸을 식히기 위한 방편도 된다.

깃털갈이

낡은 깃털을 버리고 새 깃털로 바꾸는 깃털갈이도 깃털 관리의 중요한 방법이다. 깃털갈이는 깃털이 빠지고 새로운 깃털이 나는 것을 말하며 대부분은 번식이 끝나는 여름부터 가을 사이에 해마다 한 번 깃털갈이를 하지만 봄에 깃털갈이를 하는 새도 드물지 않다. 깃털갈이를 하는 동안에도 날 수 있도록 날개깃의 경우에는 몇 차례 나누어 갈기도 하며, 그 해에 태어난 어린새는 보통 이듬해까지는 깃털갈이를 하지 않는다.

　번식이 끝난 늦여름부터 가을에 걸쳐 깃털갈이 하여 생긴 깃털을 비번식깃 또는 겨울깃이라고 한다. 이듬해 봄 번식기 전까지는 이 깃털을 지니고 생활하는데 대개 깃털의 색깔이 화려하지 않다. 번식과 관계있는 깃털을 번식깃 또는 여름깃이라고 하는데, 여름깃과 겨울깃의 차이가 없는 종도 많다.

　원앙이나 청둥오리 같은 오리류는 수컷의 번식깃이 화려하여 암컷과의 차이

변환깃으로 깃털갈이 중인 원앙 수컷   왜가리의 댕기깃

가 크다. 하지만 번식이 끝나는 6월부터 다시 번식쌍을 이루기 전까지는 암컷과 별 차이 없는 수수한 색깔의 깃털로 깃털갈이를 하는데 이를 변환깃이라고 한다. 가을에는 다시 깃털갈이를 하여 번식깃으로 바뀐다. 박새류나 참새 같은 작은 새의 깃털갈이는 식별하기가 어렵다.

  왜가리는 깃털갈이 하는 시기가 뚜렷하지 않으나 가을부터 댕기깃(머리깃)이 자란다. 머리깃은 머리 부분에 있는 긴 깃털로, 끈 모양으로 길게 밑으로 처지거나 위로 바로 서는 등 여러 형태가 있다. 해오라기는 태어난 이듬해에 댕기깃이 자라고 여름깃(번식깃)으로 깃털갈이를 하였다가, 3년째에 완전히 성숙한 해오라기의 깃털을 갖춘다. 번식기의 노랑할미새는 노란색 가슴이 겨울깃으로 바뀌면서 희미해졌다가 봄철에 다시 짙어진다. 백로류는 번식기에 화려한 깃털인 장식깃(치레깃)이 나타났다가, 번식기가 끝나면 사라지는 대표적인 새이다.

노랑할미새의 여름깃(왼쪽)과 깃털갈이 중인 모습

새들이 깃들여 사는
역사와 생명의 공간,

창경궁을 돌아보다

창경궁
昌慶宮

까치 Black-billed Magpie

참새목 까마귀과
몸길이 46cm
번 식 3~6월

예로부터 반가운 소식을 전해 주는 길조로 우리와 친근한 대표적인 텃새이다. 천적이 없고 번식력도 강하다. 암수의 생김새는 서로 비슷하다. 흰색의 어깨깃과 배를 제외한 몸 전체가 검은색이며 날개와 꽁지는 금속성의 광택이 있다. 긴 꽁지가 특징이다.

　　무엇이든 잘 먹는 잡식성으로, 때로는 약한 새나 어린 다람쥐도 잡아먹는다. 단 것을 좋아하고, 감이나 나무 열매도 익은 것을 골라서 먹는 것으로 보아 맛을 잘 아는 듯하다. 하지만 직박구리와 청딱따구리 등이 즐겨 먹는 황벽나무 열매나, 노랑지빠귀와 직박구리가 한겨울에 먹는 산수유 열매는 잘 먹지 않는다. 저장할 수 있는 먹이는 바로 먹지 않고 땅에 묻어 둔다.

관찰 시기와 장소　동궐에서 언제나 볼 수 있다. 20~30마리씩 무리 지어 구역을 나누어 사는데, 동궐에는 창경궁 춘당지 휴게소의 무리, 창덕궁 관람지의 무리, 창덕궁 낙선재의 무리, 창덕궁 신선원전의 무리 등 4개의 무리가 있다. 창경궁 춘당지 휴게소의 무리는 사람과 친숙해 먹을 것을 주면 가까이 다가온다.

●○ **2006. 05. 창덕궁 불로문**　번식 영역을 지키는 까치
○● **2003. 12. 창경궁 춘당지**　금속성 광택이 나는 날개와 꽁지

- 2007. 01. 창덕궁 함양문 북쪽 길 까치 무리
- 2006. 10. 창경궁 자경전 터 팥배나무 열매를 먹는 까치
- 2006. 10. 창경궁 온실 북동쪽 부리 가득 먹이를 물고 있는 모습. 바로 먹지 않고 땅에 묻어 저장한다.

번식 번식기는 3월부터지만 11월 말부터 둥지를 보수하는 쌍도 있다. 동궐에서는 매년 20쌍 정도가 번식을 시도하는데 한 쌍이 3마리 이상의 새끼를 기르는 걸 보지 못한 것으로 미루어 번식 성공률은 높지 않아 보인다. 번식기에는 부모가 새끼들을 데리고 다니는데, 새끼들은 어미가 먹이를 먹여 주어야만 먹는다. 어린 까치가 자라면 어미새는 먹이 저장 훈련을 시킨다. 초겨울이 되면 어미새는 다 자란 새끼의 가슴을 부리로 밀어내어 독립시키고, 때로는 무리에서 쫓아내기도 한다. 그 해에 번식한 새끼들을 무리에서 쫓아내는 것은 무리의 수를 제한하고 근친교배를 피하려는 행동으로 보인다. 동궐에서 까치를 관찰한 6년 동안 한 무리의 수는 크게 증가하는 경우 없이, 거의 일정하게 유지되어 왔다. 그런데 포화 상태에 달한 것인지 서식 환경의 변화 때문인지는 알 수 없으나 2008년 2월에는 무리를 이루는 수가 20마리 정도로 줄어들었다.

- ○ **2005. 05. 창경궁 남서쪽** 둥지를 갓 떠나 꽁지깃이 짧은 어린새. 아직 날지 못해 나뭇가지를 타고 이동하며 어미가 물어다 주는 먹이를 기다리고 있다.
- ○● **2005. 06. 창경궁 소춘당지 북동쪽** 어린새 두 마리가 어미(가운데)로부터 먹이를 받아먹고 있다.

⋮• 2006. 05. 창덕궁 관람지   번식 영역을 두고 다투는 2쌍의 까치들
⋮∘ 2005. 03. 창경궁 관리소 북쪽   큰부리까마귀를 몰아내는 까치(오른쪽)

영역 다툼 먹이를 저장하는 영리함, 맹금류를 몰아내는 용감성, 철새들이 감이나 나무 열매를 같이 먹으려 해도 공격하지 않는 너그러움을 지닌 까치지만, 번식기에는 같은 무리라도 번식 영역을 침범하면 치열하게 싸운다. 2007년 1월 창경궁 관덕정에서는 먹이를 발견한 까치 한 쌍이 같은 무리의 다른 까치들을 몰아낸 다음에야 먹이를 가져갔다. 창경궁 온실 북동쪽 나무 울타리 부근에서도 같은 상황이 벌어졌다. 창덕궁 부용지 휴게소와 관람지 사이의 관람로는 까치들의 영역이 셋으로 나누어지는데, 번식기에 이 중간 지점에 먹이를 주면 까치들 간에 큰 싸움이 벌어지기도 한다. 번식 영역을 지키는 것은 번식기인 봄부터가 아니라 그 전인 늦겨울부터인 것으로 보인다.

동궐의 새 지킴이 까치는 새매나 참매 같은 맹금류가 나타나면 경계음을 내며 무리가 힘을 합쳐 맹금류를 몰아낸다. 참새나 멧비둘기 같은 텃새들은 물론 철새들도 이런 까치의 경계음을 듣고 맹금류를 피해 숨는다. 맹금류뿐만 아니라 떠돌이 개나 고양이가 나타나도 까치들이 경계음을 내어 동궐의 새 지킴이 역할을 톡톡히 한다. 때로는 낯선 철새를 공격하여 죽이기도 한다. 영리한 까치는 창경궁 춘당지에서 살고 있는 낯익은 왜가리와는 다투지 않았지만, 낯선 왜가리가 나타나자 떼를 지어 낯선 왜가리를 몰아냈다. 2005년에는 동궐에 둥지를 틀려다 까치에게 쫓겨나는 큰부리까마귀를, 같은 해 5월에는 창덕궁 관람지에서 까치에게 공격받는 호랑지빠귀를 본 적이 있다. 2007년 4월 창경궁 춘당지 남서쪽에서도 흰배지빠귀를 공격하는 까치를 보았다. 동궐에서 수년간 자주 만나면서 친해진 까치들이 나를 알아보고 따라다녔고, 이런 동궐 까치들의 친숙한 행동으로 인해 철새들도 경계를 덜하여 새들을 관찰하는 데 큰 도움이 되었다.

직박구리 Brown-eared Bulbul

참새목 직박구리과
몸길이 28cm
번 식 5~7월

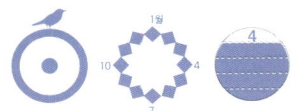

흔한 텃새이다. 수다쟁이처럼 소란스럽게 울지만, 가끔은 아름다운 소리로 노래를 불러 다른 새로 착각되기도 한다. 몸집은 참새보다 크고 까치보다 조금 작다. 몸 전체가 회갈색이며 불완전한 모양의 귀깃은 갈색이다. 대부분 나무 위에서 생활하며 땅으로는 거의 내려오지 않는데, 나무와 나무 사이를 이동할 때는 파도 모양으로 난다. 비행술이 뛰어나 날아가는 잠자리를 잡아먹기도 하고, 공중을 날면서 감이나 열매를 따 먹기도 한다.

한 마리가 울면 모여들어 무리를 짓는 습성이 있다. 번식기 이외에는 10마리 이내로 무리지어 영역을 지키며, 다른 철새들이 나무 열매를 먹지 못하도록 공격한다. 먹이를 지키기 위해 오색딱따구리, 황여새와 홍여새, 노랑지빠귀 등은 공격하지만, 까치에게는 양보하여 물러서고, 힘센 청딱따구리와는 다투지 않고 함께 열매를 먹는다. 경계심이 강해 사람이 주는 먹이를 먹지 않으며, 다른 새들은 잘 먹지 않는 회화나무 열매까지 먹는 등 환경 적응력이 뛰어나다.

관찰 시기와 장소 동궐의 붙박이 텃새이다. 2~3월에는 회화나무와 향나무의 열매를 먹는 모습을, 4~5월에는 살구꽃, 매화꽃의 꿀을 먹는 모습을 볼 수 있다. 여름에는 층층나무, 가을에는 말채나무, 겨울에는 팥배나무와 황벽나무 등의 열매를 잘 먹는다. 2006년 4월 말 창덕궁 낙선재 남쪽 정원에서 수십 마리가 모여 지저귀는 것을 목격하였는데, 번식쌍을 정하려고 모인 것 같았다. 2005년 5월 말 창덕궁 서쪽 솔밭에서는 둥지에서 떨어진 직박구리 새끼를 발견하여 근처 나뭇가지에 올려놓은 적이 있다. 처음에는 경계하며 다가오지 않던 어미새가 시간이 조금 지나자 먹이를 물어와 먹이며 떨어진 새끼를 돌보았다. 이틀이 지난 6월 2일 저녁 무렵에는 어미새가 먹이로 새끼를 유인하여 덤불로 데리고 들어갔다.

• 2006. 04. 창덕궁 서쪽 솔밭 살구나무에 앉아 있는 직박구리

- 2007. 03. 창경궁 춘당지 휴게소 북쪽　진달래꽃을 따 먹는 직박구리
- 2006. 10. 창경궁 소춘당지 동쪽　산사나무 위에 앉은 직박구리의 뒷모습
- 2005. 12. 창덕궁 상량정 남서쪽　공중을 날면서 감을 따 먹고 있다.
- 2006. 03. 창덕궁 단봉문 북쪽　비행하며 회화나무 열매를 먹는 모습

⚥ 2005. 05. 26. 창덕궁 서쪽 솔밭 북쪽　어미 직박구리
⚥ 2005. 05. 31. 창덕궁 서쪽 솔밭 북쪽　둥지에서 떨어진 새끼 직박구리
⚥ 2005. 06. 01. 창덕궁 서쪽 솔밭 북쪽　나뭇가지에서 어미를 기다리는 새끼

참새 Tree Sparrow

참새목 참새과
몸길이 14.5cm
번 식 4~7월

우리나라에 수가 가장 많은 텃새이다. 비교적 지능이 높은 새로 알려져 있는데, 먹이를 주는 사람을 알아보고 따라다니며, 위험을 느끼면 철쭉과 같은 빽빽한 관목 속으로 재빨리 숨는다. 아주 추운 극지방이나 아주 더운 열대우림 지역을 제외한 모든 지역에서 잘 적응하며, 인간의 생활환경에서도 잘 적응하여 살아간다.

암수가 같은 색이며, 머리 위는 밤색, 멱은 검은색이고 뺨에 검은 반점이 있다. 갓 둥지를 떠난 어린새는 부리가 짙은 갈색이고 부리의 밑부분이 노란색이며, 뺨의 검은 반점이 희미하다. 시간이 지나면서 차츰 뺨의 반점과 부리가 검은색으로 짙어지며, 이듬해 겨울까지 부리 밑부분에 노란색이 조금 남아 있어서 성숙한 참새와 구별된다.

한 해에 보통 2번 번식하는데, 경우에 따라서는 3번까지도 부화하며 번식력이 왕성하다. 12일간 알을 품고 있으면 부화하는데, 새끼는 부화한 뒤 약 14일 뒤에 둥지를 떠나고, 둥지를 떠난 새끼들은 어미를 따라다니며 열흘 정도 먹이를 받아먹는다. 주로 풀씨, 나무 열매 등을 먹으며 딱정벌레 등의 곤충도 잡아먹는다.

관찰 시기와 장소 동궐의 붙박이 텃새이다. 늦가을에는 큰 무리를 지었다가 다시 10여 마리 안팎의 작은 무리로 나뉘어 겨울을 난다. 2004년 11월 초에는 창덕궁 낙선재 남쪽 정원에서 100마리 이상의 무리가, 2005년 10월 말에는 창경궁 춘당지 북서쪽에서 70여 마리의 무리가 관찰되었다. 2006년에는 30마리 이하의 무리밖에 관찰되지 않았는데, 아마도 덤불과 관목 제거로 은신처가 줄어 겨울을 나는 개체가 감소한 것으로 추정된다.

관찰 요령 사시사철 동궐과 종묘 어디에서나 만날 수 있지만 특히 창경궁 춘당지 주변의 참새들이 사람들과 친숙해서 잘 달아나지 않는다.

• 2007. 10. 창경궁 야생화 단지   우리와 친숙한 참새

♂ **2004. 11. 창덕궁 낙선재 남쪽 정원**　늦가을에 무리 지은 참새들
♂ **2006. 09. 종묘 어숙실**　뺨에 검은 반점이 선명하다.

♂♀ 2006. 09. 종묘 제정 남동쪽 주목 열매의 과육을 먹는 모습
♀♂ 2004. 04. 종묘 북쪽 길 새끼에게 먹일 벌레를 물고 있는 어미새
♀♀ 2005. 05. 종묘 제정 북쪽 어미새가 어린새에게 먹이를 먹여주고 있다.

오목눈이 Long-tailed Tit

참새목 오목눈이과
몸길이 14cm
번　식　4~6월

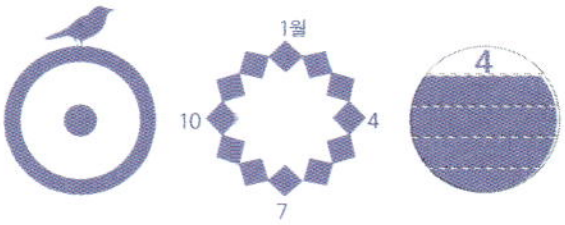

우리나라에 사는 흔한 텃새이다. 영어 이름에 '꽁지가 긴long-tailed'이라는 말이 들어간 것처럼 실제로 꽁지가 길다. 몸길이가 14cm인데, 꽁지는 이것의 반도 넘는 8cm나 된다. 긴 꽁지와 작은 몸매에 오목하게 들어간 눈이 특징이며, 눈 위쪽에 노란 눈테가 있다. 암수의 생김새는 같다. 어린새의 눈테는 주홍색이며, 머리 양옆의 깃털이 밤색이 섞인 검은색이다.

평상시에는 여러 마리가 무리지어 박새류와 함께 생활하며, 번식기가 되면 암수가 쌍을 이루어 무리에서 따로 떨어져 나와 생활한다. 작은 나뭇가지나 우거진 숲속에서 생활하며 주로 나무 위에서 곤충을 잡아먹지만 식물성 먹이도 먹는다.

관찰 시기와 장소 동궐의 붙박이 텃새로, 번식기인 봄과 여름에는 잘 보이지 않다가 가을부터 3~4마리쯤 되는 작은 무리가 창경궁 관덕산에서 자주 관찰된다. 겨울철에는 주로 창경궁 관덕정 주변과 야생화 단지에서 만날 수 있다. 봄철 창경궁 관천대 주변과 온실 북쪽 소나무 숲, 창덕궁 낙선재 남쪽 정원과 신선원전 구역에서 둥지 재료를 물고 있는 모습을 여러 차례 본 적이 있다. 2005년 봄 창덕궁 신선원전 구역 소나무에서 둥지를 발견하였으나, 당시 진행되던 가지치기 작업에 놀랐는지 어미새가 둥지를 포기하였다. 2007년 5월 창경궁 관덕산에서는 새끼들을 관찰할 수 있었다.

● ○ 2005. 03. 창경궁 관덕산 꽁지가 긴 오목눈이
○ ● 2007. 03. 창덕궁 낙선재 남쪽 정원 산수유 나뭇가지에 앉은 모습

♂ 2007. 03. 창경궁 온실 북동쪽   눈 위쪽 노란 눈테가 잘 보인다.
♀ 2009. 06. 창경궁 온실 북동쪽   눈테가 주홍색인 어린새

둥지 짓기 오목눈이의 둥지 짓는 실력은 타의 추종을 불허한다. 이끼류와 거미줄을 이용하여 잡목림이나 관목림의 나뭇가지 사이나 나무줄기에 긴 타원형의 둥지를 만드는데, 겉면은 나무줄기와 비슷하게 위장하고 출입구는 자신만 겨우 드나들 정도로 위쪽에 작게 만들며, 안쪽에는 짐승의 털과 수백 개의 작은 깃털로 산좌産座를 만든다. 거미줄을 이용한 둥지는 내구성은 물론 탄력과 보온성도 뛰어나다.

둥지 재료로 쓸 이끼나 깃털 등을 물고 있는 오목눈이
2004. 04. 창경궁 관천대 부근
2005. 03. 창경궁 온실 북쪽
2005. 04. 창경궁 관천대 동쪽
2006. 05. 창덕궁 낙선재 남쪽 정원

딱새 Daurian Redstart

참새목 지빠귀과
몸길이 14cm
번 식 4~7월

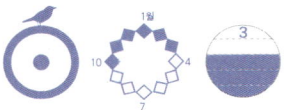

우리나라에서 흔히 볼 수 있는 텃새이다. 수컷은 이마에서부터 머리 위쪽과 뒷목이 모두 회백색이며, 얼굴과 멱은 검은색, 가슴과 배는 적갈색이다. 암컷은 머리, 등, 가슴이 엷은 갈색을 띠고 날개에 흰색 반점이 뚜렷하며, 꽁지의 가운데는 검고 나머지는 주황색이다. 곤충 외에 나무 열매나 씨앗도 잘 먹는다. 보통은 금속성 소리를 내며 울지만, 번식기의 수컷은 높은 곳에서 아름다운 소리를 낸다. 하늘 높이 날거나 먼 거리를 날지 않고 곧장 직선으로 비행한다.

관찰 시기와 장소 동궐의 떠돌이 텃새로 가을에 창경궁 춘당지 남쪽과 통명전 서쪽에서 말채나무 열매를 먹는 딱새들을 쉽게 볼 수 있다. 겨울에는 단독으로 행동하며, 창경궁 자경전 터와 춘당지 주변의 관목에서 볼 수 있다. 창덕궁 낙선재 남쪽 정원에서도 가끔 관찰된다. 2006년 가을 창덕궁 관덕산에서 10여 마리를 관찰한 적이 있는데, 3~5마리 정도만 겨울을 지냈다. 2004년 6월과 2005년 5월 창덕궁 신선원전 남쪽에서 어린 딱새를 두 번 관찰하였는데 담장 밖 민가에서 번식한 것으로 보인다.

관찰 요령 말채나무 열매가 익는 10~11월이 딱새를 관찰하기에 가장 좋은 시기이다. 봄이 지나면 동궐에서는 거의 보이지 않는다.

●○○ 2005. 11. 창경궁 춘당지 남서쪽   말채나무 위 수컷(왼쪽)과 암컷
○●○ 2004. 06. 창덕궁 의로존 남동쪽   이소한 어린새
○○● 2005. 05. 창덕궁 신선원전 입구 담장   먹이를 받아먹던 어린새

♂ 2006. 11. 창경궁 춘당지 남동쪽 얼굴과 멱이 검은색인 수컷
♀ 2004. 10. 창덕궁 낙선재 남쪽 정원 온몸이 엷은 갈색인 암컷

♂ 2005. 10. 창경궁 온실 북동쪽   찔레나무 열대를 물고 있는 수컷
♀ 2006. 11. 창경궁 춘당지 남쪽   말채나무 열매를 따는 순간

굴뚝새 Winter Wren

참새목 굴뚝새과
몸길이 10cm
번　식 4~7월

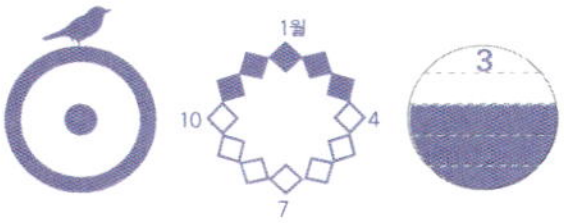

흔한 텃새이다. 상모솔새와 더불어 우리나라에 사는 흔한 텃새 가운데 몸집이 가장 작다. 몸집이 작고 부지런히 돌아다니기 때문에 자세히 관찰하기 어려우며, 위협을 느끼면 돌 틈이나 구멍 속으로 숨는다. 이름처럼 굴뚝에 사는 것은 아니고, 몸이 검은빛을 띤 갈색인 까닭에 그런 이름이 붙여진 것 같다. 둥근 몸에는 가느다란 가로무늬가 있으며 부리가 가늘다. 짧은 꽁지를 위로 치켜 올릴 때도 있다. 주로 연못과 개울가를 돌아다니며 작은 곤충을 잡아먹고 풀씨도 먹는다. 짧게 끊어지는 듯한 소리를 낸다.

관찰 시기와 장소 동궐의 떠돌이 텃새이다. 초겨울부터 창경궁 춘당지 남동쪽 옥천에 가끔 나타나며, 창경궁 온실 북쪽 길가로 잘 돌아다닌다. 매년 겨울철인 11월부터 이듬해 3월까지 창경궁 내에서 1~2마리, 창덕궁 북서쪽에서 1마리가 관찰되었다. 2006년 3월 말 창덕궁 신선원전 북쪽에서 굴뚝새 한 쌍을 발견하여 번식을 기대하였으나, 북한산으로 이동했는지 볼 수 없었다.

●○○ **2005. 03. 창경궁 영춘헌** 굴뚝 위에 앉아 있는 굴뚝새
○●● **2006. 02. 창경궁 통명전 북쪽** 꽁지를 위로 올린 모습과 앞모습

멧비둘기 Rufous Turtle Dove

비둘기목 비둘기과
몸길이 33cm
번 식 3~7월

우리나라의 대표적인 비둘기로 텃새이다. '산비둘기'라고도 불리며 꿩 다음으로 흔한 사냥새이다. 머리와 목, 몸의 아랫면이 회갈색이고 날개깃 가장자리는 적갈색으로 날개를 접었을 때 얼룩무늬로 보인다.

낮고 탁한 소리를 내며 운다. 2월부터 울음소리를 내어 번식 상대를 부르고, 교미 전에 볼을 비비고 부리를 맞대며 서로 다정하게 애정을 표시한다. 번식기에는 맹금류처럼 날개를 수평으로 펼친 채 활공하기도 한다.

음나무 꽃꿀과 뽕나무, 쉬나무, 층층나무, 말채나무 등의 열매를 먹는다. 먹이가 귀한 겨울철에도 온순한 성격 탓에 다른 새들이 떨어뜨린 황벽나무 열매를 주워 먹는다. 까치나 맹금류를 피하기 위해 그늘진 가지에 엉성한 둥지를 틀고 알을 낳으며, 어린 새끼를 숨겨 놓기 때문에 어린 새끼를 관찰하기는 쉽지 않다. 맹금류와 고양이에게 많이 희생되며, 해가 지기 전에 밤을 지낼 나뭇가지로 돌아간다.

관찰 시기와 장소 동궐에서 항상 볼 수 있는 붙박이 텃새로, 2월부터 암수가 다정히 앉아 있는 것을 볼 수 있다. 가을부터 겨울에는 북한산에서 내려온 멧비둘기들이 동궐에 머물러 그 수가 늘었다가 봄에는 다시 줄어든다.

● ○ 2005. 10. 창경궁 통명전 북쪽 열천 뒷모습
○ ● 2007. 04. 창경궁 춘당지 휴게소 옆모습

- 2005. 03. 창경궁 온실 북서쪽   교미 전에 부리를 비비는 한 쌍
- 2005. 03. 창경궁 온실 북서쪽   멧비둘기의 교미
- 2005. 05. 창경궁 자경전 터 북쪽   엉성한 둥지에서 알을 품고 있는 멧비둘기
- 2005. 06. 창경궁 집복헌 북쪽   둥지를 떠난 어린새(왼쪽)와 어미새

모아 보기 | 귀소 본능 뛰어난
비둘기류
| 비둘기목 비둘기과 |

집비둘기

비둘기는 귀소 본능이 뛰어나기로 유명하다. 머리에 지구의 자기장을 읽어낼 수 있는 특수 감각 기관이 있어서 먼 거리를 날아도 자신이 어디쯤 날고 있는지, 목적지가 정확히 어디인지를 알 수 있다고 한다. 비둘기의 몸이 나침반인 셈이다. 이러한 특징 때문에 비둘기는 오래전부터 통신용·관상용으로 사육되었고, 식육용·경주용·공연용 등이 만들어지는 등 인간에 의해 수백 종의 복잡한 변종이 만들어졌다.

우리나라에는 멧비둘기·양비둘기·흑비둘기·염주비둘기·녹색비둘기 등 5종이 있다. 지상에서는 작은 머리를 앞뒤로 움직이며 짧은 다리로 걸어다니고 날 때는 길고 뾰족한 날개로 빠르게 난다. 어미새는 식물성 먹이를 반소화시킨 후 토한 것을 새끼에게 먹인다. 동궐에는 멧비둘기와 집비둘기가 붙박이 텃새로 살고 있다. 멧비둘기는 대표적인 야생 비둘기이고, 도심 거리에서도 흔히 볼 수 있는 집비둘기는 양비둘기가 사육되다 야생화된 품종이다. 집비둘기의 배설물은 궁궐의 단청을 손상시키는 주범으로 주목되어 궁궐 내에서 이들에게 먹이 주는 것을 금하고 있다. 먹이 주는 것을 금지한 뒤로는 수가 줄었고, 멧비둘기처럼 풀밭에서 먹이를 찾아 먹는다.

멧비둘기

꿩 Ring-necked Pheasant

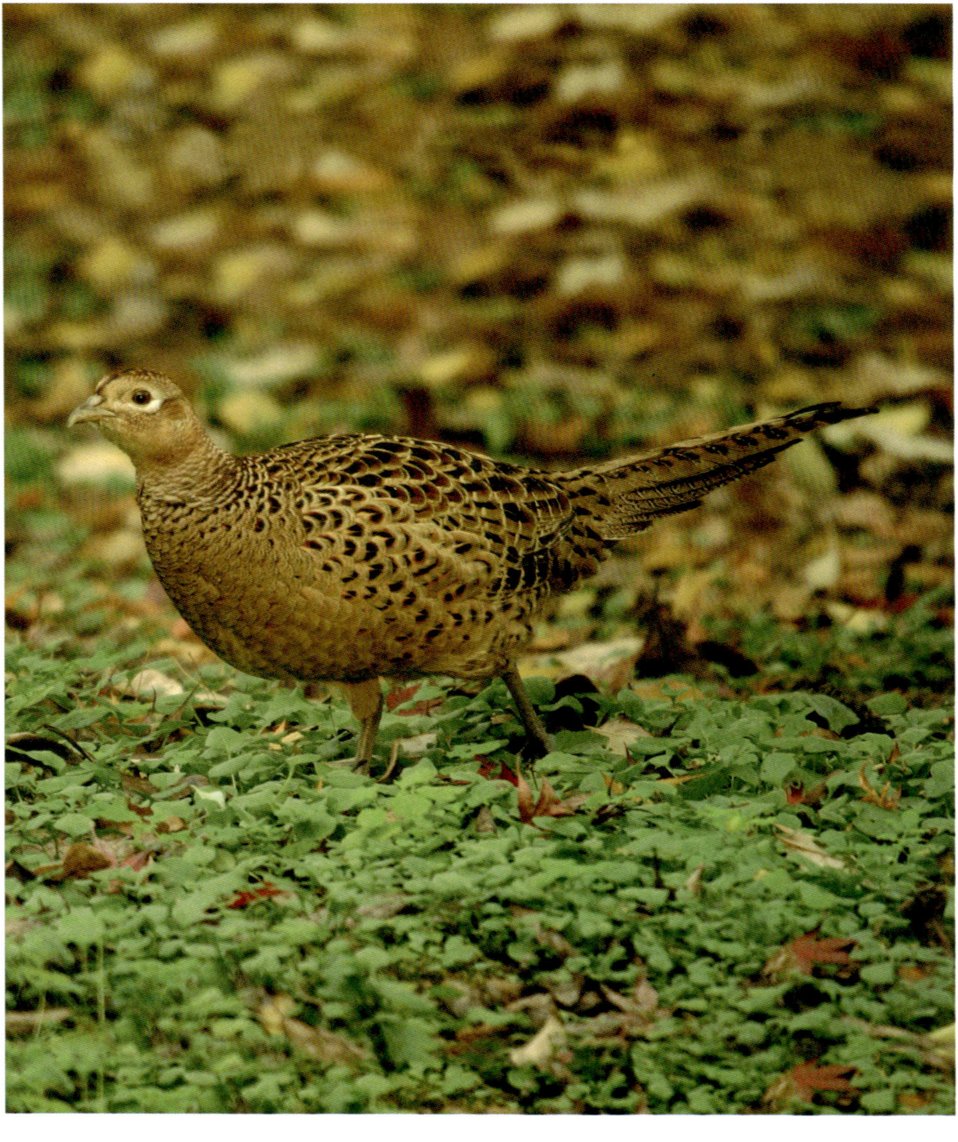

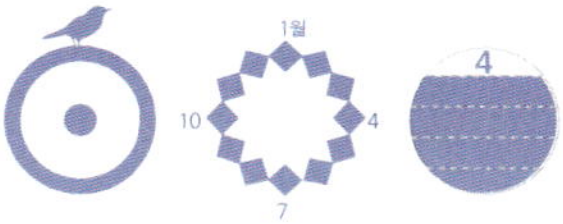

닭목 꿩과
몸길이 ♂80cm ♀60cm
번　식 5~6월

흔한 텃새이며 대표적인 사냥새이다. 닭을 닮은 지상형 조류로 짧은 다리와 길고 뾰족한 꽁지가 특징이다. 한번에 오래 날지 못하고 위험에 처했을 때에도 날기보다는 주로 걷거나 뛰어서 도망간다. 수꿩을 '장끼', 암꿩을 '까투리'라고 구분하여 부를 정도로 암수의 모양새가 현저하게 다르다. 수컷의 눈 주위에 닭의 벼슬 같은 피부가 노출되어 있으며, 번식기가 되면 그 부위가 넓어진다. 목 아래에는 흰 띠가 있다. 현란한 색깔의 수컷과 달리 암컷은 흐린 암갈색 바탕에 흑갈색 반점들이 있다. 꽁지는 수컷에 비해 짧은 편이다. 먹이로는 나무 열매나 풀씨, 곤충 등을 먹는다.

　　번식기인 봄철에는 수꿩이 암꿩을 부르는 소리와 세력권을 놓고 수꿩끼리 다투는 소리를 들을 수 있다. 새끼는 알에서 깨어나자마자 바로 걸을 수 있으며 둥지를 떠나 덤불 속으로 숨기 때문에 관찰이 쉽지 않다.

관찰 시기와 장소　동궐의 붙박이 텃새로, 창경궁 남쪽 담장 부근의 덤불이 제거된 뒤로는 주로 창경궁 관덕산과 창덕궁 후원 숲속에서 관찰된다. 2003년 창경궁 야생화 단지 원추리 속에서 번식한 어린 꿩들을 관천대 주변 잔디밭에서 관찰할 수 있었다. 같은 해 창덕궁 낙선재 남쪽 정원에서 그리고 2005년 창덕궁 애련지에서 어린 꿩들을 데리고 다니는 암꿩을 보았다. 가을부터 겨울에는 창경궁 춘당지 서쪽 숲에서도 관찰할 수 있으며, 관람객이 없을 때는 춘당지 남쪽 공터까지도 돌아다닌다.

　●○ **2003. 11. 창덕궁 낙선재 남쪽 정원**　암꿩인 까투리
　○● **2005. 07. 창경궁 춘당지 남동쪽**　수꿩인 장끼

새매 Eurasian Sparrow Hawk

매목 수리과
몸길이 ♂32cm ♀39cm
번 식 5~6월

흔하지 않은 텃새로 천연기념물 제323-4호이다. 생김새는 참매와 비슷하나 몸이 작고 눈썹선이 가늘다. 암컷이 수컷보다 몸집이 훨씬 크고 가슴과 배의 가로줄 무늬 간격도 수컷의 것보다 조밀하다. 눈은 노란색이고 울음소리가 날카롭다. 작은 새나 쥐, 나비의 유충 따위를 잡아먹는다.

관찰 시기와 장소 동궐의 떠돌이 텃새로, 늦가을에서부터 겨울 사이에 드물게 나타난다. 겨울철 창경궁 춘당지 주변, 관덕산 및 자경전 터 부근에서 주로 관찰되는데, 자주 볼 수는 없지만 사람을 크게 두려워하지 않아 한 번 발견하면 어렵지 않게 촬영할 수 있다.

관목 속으로 새들이 급히 숨는 것을 보고 주위를 살펴보았더니, 길가의 나무에 새매가 앉아 있었다. 창경궁 춘당지 섬에도 날아들어 원앙들이 연못으로 달아나기도 한다. 숲 가장자리 나무에 앉아서 사냥감을 노리다가 사냥감을 따라 우거진 숲속까지 쫓아 들어가는 모습이나, 늦가을 팥배나무에 모이는 새들을 잡으려고 주변 나무에 앉아 있는 것을 관찰하였다. 수컷보다는 암컷이 더 많이 관찰된다.

●○○ 2006. 11. 창경궁 온실 북동쪽 새매 암컷
○●○ 2005. 12. 창경궁 자경전 터 서쪽 팥배나무에 모이는 새들을 노리는 수컷
○○● 2007. 03. 창경궁 야생화 단지 하늘을 나는 모습

황조롱이 Common Kestrel

매목 매과
몸길이 ♂33cm ♀38.5cm
번 식 4~7월

흔한 텃새로 천연기념물 제323-8호이다. 사람을 두려워하지 않고, 인간이 만든 환경에 비교적 잘 적응하는 맹금류이다. 수컷은 머리가 회색이고 꽁지 끝에 검은색 가로줄이 하나 있으며, 암컷은 적갈색 머리에 검은 반점이 있고 꽁지에는 암갈색의 가로줄이 여럿 있다. 몸집은 암컷이 수컷보다 크다.

작은 새나 들쥐를 잘 잡아먹는다. 상공의 한곳에서 정지 비행을 하며 먹잇감을 노리고 있다가 쏜살같이 내려와 순식간에 덮친다. 정교한 정지 비행은 황조롱이 최대의 사냥술이다. 황조롱이가 나타나면 참새 같은 작은 새들은 빽빽한 관목 속에 숨지만, 몸집이 큰 청둥오리는 경계만 할 뿐 달아나지는 않는다. 매섭고 날카로운 소리를 낸다.

관찰 시기와 장소 동궐의 떠돌이 텃새로, 하늘을 선회 비행하는 모습을 가끔 볼 수 있다. 간혹 나무나 건물 지붕에 앉기도 하는데, 주로 시야가 트인 넓은 공간을 택한다. 창경궁 춘당지, 창덕궁 낙선재 주변이나 한적한 가정당과 신선원전 구역에 나타난다. 2003년 종묘 영녕전에서 수컷을 보았고, 2006년 6월에는 창덕궁 가정당에서 사람을 두려워하지 않는 암컷 1마리를 만나 20분 이상 관찰할 수 있었다.

●○○ **2006. 06. 창덕궁 가정당 남쪽 잔디밭** 적갈색 머리에 검은 반점이 있는 암컷. 사진 촬영에 관심을 보이며 달아나지 않았다.
○●○ **2003. 10. 종묘 영녕전 치미** 머리색이 회색인 수컷
○○● **2006. 03. 창경궁 춘당지 남동쪽** 선회 비행하는 수컷. 꽁지 끝에 검은색 가로줄이 보인다.

원앙 Mandarin Duck

기러기목 오리과
몸길이 45cm
번　식　4~7월

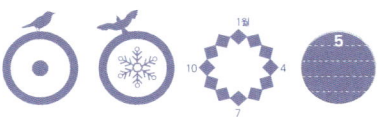

우리나라에 흔하지 않은 텃새이자 겨울새로, 천연기념물 제327호이다. 원앙은 수컷 원앙을 뜻하는 '원鴛'과 암컷 원앙을 뜻하는 '앙鴦'이 나란히 붙은 이름처럼 암수가 항상 붙어 다녀서 부부의 금실, 다정한 연인 등 남녀의 사랑을 상징해 왔다. 한 번 정해진 번식쌍의 관계가 여러 해 지속되는지는 확실치 않으나, 번식이 끝난 뒤 수수한 변환깃으로 바뀐 수컷이 한여름에도 암컷과 쌍을 이루어 함께 행동하는 예가 종종 관찰되는 것으로 보아 번식쌍이 여러 해 동안 유지되는 경우도 있는 것으로 생각된다. 번식쌍은 10월부터 11월 초순 사이에 정하며, 이 기간에는 사람을 많이 경계한다. 도토리를 비롯한 나무 열매를 즐겨 먹으며 달팽이와 작은 민물고기도 잡아먹는다.

관찰 시기와 장소 동궐의 붙박이 텃새이다. 원앙 40여 마리가 창경궁 춘당지에서 연중 상주하여 항상 관찰할 수 있다. 2008년 초에는 북쪽에서 남하한 것으로 보이는 수십여 마리가 합류하여 80여 마리 이상이 겨울을 지내더니, 2009년 초에는 200마리 이상이 춘당지에서 관찰되었다.

* 동궐 원앙의 번식은 〈동궐의 새와 친해지기〉 25~27쪽 참고

●○○ **2005. 02. 창경궁 춘당지** 아름다운 번식깃의 수컷
○●○ **2004. 01. 창경궁 춘당지** 번식쌍을 이룬 암수 한 쌍
○○● **2004. 01. 창경궁 춘당지** 번식중인 다정한 한 쌍

- 2006. 11. 창경궁 춘당지 40마리가 넘는 붙박이 원앙들. 주변에 청둥오리들도 보인다.
- 2005. 04. 창경궁 춘당지 휴게소 번식깃의 수컷
- 2004. 05. 창경궁 춘당지 뚜렷한 흰색의 눈 둘레가 특징인 암컷

원앙과 춘당지 원앙은 1988년 무렵부터 20여 년간을 춘당지, 소춘당지 등에서 텃새로 살고 있다. 원앙은 겨울에도 거르지 않고 매일 목욕하는데, 춘당지의 경우 지하수를 퍼 올려 물을 보충하기에 혹한에도 섬 동쪽은 얼지 않는다. 2006년 12월에 춘당지 정비 공사로 물을 뺀 적이 있는데 12월 16일경 원앙이 모두 떠났으며, 2007년 1월 중순에 다시 물을 채우자 30여 마리가 돌아왔다. 또한 춘당지, 소춘당지 등의 연못 주변에 고목이 있어서 번식할 만한 나무 구멍을 찾기가 쉬우며, 먹이인 도토리도 많아 원앙이 지내기에 좋은 장소인 것 같다.

하지만 개체 수에 비하여 둥지를 틀 나무 구멍이 부족하여, 해마다 7~10쌍의 원앙이 창덕궁 후원 전역과 종묘 숲까지 흩어져 번식하며, 부화한 다음 창경궁 춘당지에 도착하지 못한 새끼들은 2주 안에 거의 죽는다. 춘당지에 도착한 새끼 원앙들 중에도 겨울을 넘겨 살아남는 새끼는 10마리가 되지 않는다.

●○ 2006. 03. 창경궁 춘당지 날갯짓하며 물을 털어내는 수컷
○● 2004. 06. 창경궁 춘당지 목욕하는 암컷

깃털갈이 수컷은 9월부터 번식깃으로 깃털갈이를 시작한다. 붉은 갈색의 늘어진 머리깃, 흰색의 눈 둘레, 노란색 옆구리, 그리고 위로 올라간 선명한 오렌지색 부채형의 셋째 날개깃(상우翔羽, 은행잎깃)이 특징이다. 보통 11월부터 이듬해 6월까지 수컷의 아름다운 번식깃을 볼 수 있다. 암컷은 깃털갈이를 하지 않으며 갈색 바탕에 회색 얼룩이 있고 배는 흰색이며 뚜렷한 흰색의 눈 둘레가 있다. 번식을 끝낸 수컷은 6월 중순부터 깃털 색이 암컷과 같은 변환깃으로 바뀐다. 그러나 이때에도 수컷의 부리는 어두운 붉은 색을 띠어, 부리가 검은색인 암컷과 구별된다.

수컷의 번식깃
♂ 2005. 09. 창경궁 춘당지 머리깃이 나기 시작한 모습
♂ 2005. 09. 창경궁 춘당지 흰색의 눈 둘레가 넓어지기 시작했다.
♂ 2005. 10. 창경궁 춘당지 섬 화려한 상우가 생겼다.
♂ 2006. 11. 창경궁 춘당지 온전하게 모습을 드러낸 수컷의 화려한 번식깃

수컷의 변환깃
- ♂ 2005. 06. 창경궁 춘당지 머리깃과 상우가 없어진 모습
- ♂ 2005. 06. 창덕궁 연경당 서쪽 담장 변환깃으로 바뀐 수컷
- ♂ 2005. 06. 창경궁 춘당지 암컷과 비슷해진 수컷의 수수한 변환깃

청둥오리 Mallard

기러기목 오리과
몸길이 59cm
번 식 4~7월

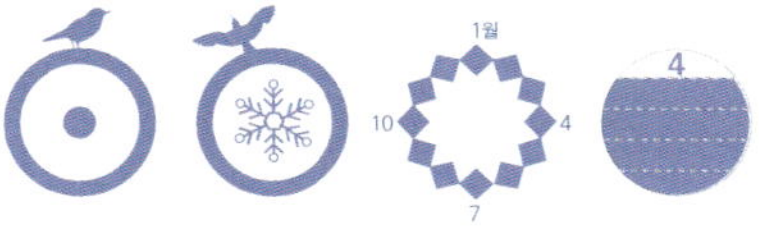

우리나라에서 흔하게 월동하는 겨울새이자 텃새이다. 오리류 가운데 가장 잘 울며, 울음소리는 집오리와 비슷하다. 수컷의 번식깃은 머리와 목이 광택 있는 짙은 청록색이며, 목에 흰색 띠가 있고 가슴은 흑갈색이다. 암컷은 가슴, 배, 옆구리가 붉은 갈색이다. 번식기가 지난 6~7월부터 수컷은 암컷과 비슷한 모습의 변환깃으로 변하는데, 부리는 노란색을 유지하므로 부리가 주황색인 암컷과 구별된다. 그리고 10월부터 다시 깃털갈이를 시작하여 11월이면 수컷의 깃털이 아름답게 변한다. 수초 뿌리와 풀씨, 나무 열매 외에 곤충류 등도 먹는 잡식성이다

관찰 시기와 장소 동궐의 붙박이 텃새로 창경궁 춘당지에서 청둥오리 한 쌍을 항상 볼 수 있다. 떠돌이 텃새인 다른 청둥오리들도 가끔 관찰되는데, 겨울부터 봄까지는 월동하러 온 청둥오리들이 합류하여 10여 마리가 되기도 한다.

●○ **2004. 02. 창경궁 춘당지** 머리와 목이 짙은 청록색인 수컷이 물을 먹고 있다.
○● **2004. 11. 창경궁 소춘당지** 2003년부터 매년 번식이 관찰된 한 쌍. 오른쪽이 암컷이다.

- 2005. 03. 창덕궁 관람지   붙박이 청둥오리의 교미
- 2005. 05. 창경궁 춘당지 섬   산철쭉 속의 둥지와 알들
- 2005. 05. 창경궁 춘당지   어미새와 이소한 새끼들
- 2005. 05. 창경궁 춘당지   이소한 지 얼마 안 된 새끼는 부리 끝이 붉은색이다.
- 2006. 07. 창경궁 소춘당지   독립한 어린새

번식 동궐에서 매년 1~2배 번식한다. 2003년에는 3배의 번식 사례를 관찰하였고, 2005년 4월에는 첫 배의 새끼들이 모두 죽자 5월 말에 2차 번식하는 것을 보았다. 보통 1배에 8~10개의 알을 낳아 암컷이 품는다. 춘당지는 수심이 깊고 먹이가 될 만한 수초가 별로 없어 먹이를 구하기가 힘든데, 새끼들은 주변의 수양버들에서 떨어진 꽃이나 잎, 작은 물고기 등을 주로 먹는다. 그러다가 조금 자라면 어미와 함께 춘당지 밖으로 나와 풀밭을 돌아다니며 먹이를 찾는다. 3주를 넘기는 새끼는 많지만, 성조로 성장하는 새끼는 매해 1~2마리에 불과하다. 2009년에는 4월 하순에 1차 번식한 새끼들 중 1마리만 5월 초순까지 살아남자 수컷이 다시 교미를 시도하였으나 암컷이 거부하는 특이한 경우가 관찰되었다. 그 후 6월에 2차 번식을 하였으나 살아남은 새끼는 1마리도 없었다.

번식기에 나타나는 청둥오리 중에서 수컷 2마리가 춘당지에서 번식하는 붙박이 암컷만을 따라다니며 교미를 시도하는 장면이 2년 동안 관찰되었다. 이들은 다른 암컷이 있어도 이상하게 번식쌍이 있는 붙박이 암컷만을 노렸다.

• ○ **2006. 05. 창경궁 춘당지** 번식기에 나타난 떠돌이 수컷과 다투는 붙박이 한 쌍
○ • **2005. 04. 창경궁 춘당지 남동쪽** 떠돌이 수컷이 붙박이 암컷을 따라다니며 강제로 교미를 시도하고 있다.

영역 다툼 창경궁 춘당지에는 원앙, 청둥오리, 흰뺨검둥오리가 같이 번식하기 때문에 서로 경쟁이 치열하다. 주로 암컷이 새끼들을 데리고 다니고 수컷이 이들을 보호한다. 2006년 5월 16일에는 청둥오리 가족과 흰뺨검둥오리 가족이 마주치면서 수컷들 사이에 격렬한 싸움이 벌어졌다. 35초 정도 진행된 첫 싸움에서는 무승부로 끝났지만 얼마 뒤 벌어진 두 번째 싸움에서 청둥오리 수컷이 승리했고 흰뺨검둥오리 수컷은 달아났다. 그 후로 흰뺨검둥오리 수컷은 여름 내내 보이지 않았고, 흰뺨검둥오리 암컷 혼자 새끼들을 길렀다.

⁝ **2006. 05. 창경궁 춘당지** 청둥오리 수컷과 흰뺨검둥오리 수컷의 싸움

- ♀ **2005. 01. 창경궁 춘당지** 얼음판 위를 걷고 있는 암컷
- ♀ **2005. 05. 창경궁 춘당지** 목욕 후 물기를 털어내는 암컷
- ♂ **2006. 07. 창경궁 소춘당지** 변환깃으로 깃털갈이 중인 수컷
- ♂ **2005. 07. 창경궁 춘당지** 깃털을 손질하는 변환깃의 수컷. 암컷과 비슷하지만 부리가 노란색이라 구별할 수 있다.

흰뺨검둥오리 Spot-billed Duck

기러기목 오리과
몸길이 61cm
번 식 4~7월

오리류 중에서는 청둥오리와 더불어 가장 흔한 텃새로 이름처럼 흰색 뺨이 특징이다. 몸통은 흑갈색이고 다리는 주황색이며, 부리는 검은색인데 부리 끝이 노란색을 띤다. 수컷의 부리 끝 노란색 부분이 암컷의 것보다 조금 더 크지만 분간하기가 쉽지 않다. 시끄럽게 울고 날갯짓 소리도 낸다. 먹이는 주로 수초의 잎이나 풀씨, 열매를 먹고 곤충류도 잡아먹는다.

관찰 시기와 장소 동궐의 떠돌이 텃새로, 매년 4월에서 8월 사이에 창경궁 춘당지와 소춘당지에서 볼 수 있다. 다른 지역에서는 경계가 심해 관찰하기가 쉽지 않지만, 창경궁 춘당지에서는 사람들이 해치지 않는다는 것을 아는지 새끼들을 데리고 관람객에게 가까이 다가오기도 하므로 자세히 관찰할 수 있다. 2005과 2006년에 새끼 10여 마리가 부화했는데 독립할 만큼 살아남은 것은 2~3마리뿐이었다. 어린새는 가을까지 남기도 하는데, 겨울에는 보이지 않는다. 2009년 6월에도 번식하였으나 새끼들이 죽어 1마리만 남게 되자 부모새들이 떠나버렸고, 고아가 된 새끼 혼자서 8월 말까지 지내다가 9월부터는 더 이상 보이지 않았다.

● 2006. 04. 창경궁 춘당지 부리 끝 노란색이 눈에 띄는 수컷
○ 2005. 04. 창경궁 춘당지 섬 암컷(왼쪽)과 수컷

• 2005. 05. 창경궁 춘당지   왜가리(오른쪽 위)를 쫓아내는 어미 흰뺨검둥오리

- 2005. 05. 창경궁 춘당지 10마리 새끼가 모여 있는 흰뺨검둥오리 가족
- 2005. 05. 창경궁 춘당지 부화한 지 3일째인 새끼의 얼굴
- 2005. 06. 창경궁 춘당지 한 달 정도 자란 어린새

왜가리 Grey Heron

황새목 백로과
몸길이 93cm
번 식 4~7월

우리나라에서 관찰되는 17종의 백로과 가운데 몸집이 가장 큰 텃새이다. 온몸이 회색빛을 띠며 머리 꼭대기는 흰색, 눈 위에서 뒷머리까지는 검은 색이고 2~3개의 긴 댕기깃이 있다. 주로 낮에 활동하는데, 날 때는 검은 날개깃이 등과 날개덮깃의 회색과 대조를 이루며, 목은 Z자 모양으로 접고 다리는 꽁지 바깥쪽 뒤로 쭉 내뻗는다. 물고기를 비롯하여 개구리, 곤충 등을 잡아먹는다.

관찰 시기와 장소 동궐의 붙박이 텃새이다. 2002년부터 관찰해 온 왜가리는 2004년 2월 강추위로 춘당지가 얼자 굶주려 죽었고, 그 후 2004년 봄 왜가리 1마리가 창경궁 춘당지로 이사와 현재까지 붙박이로 살고 있다. 2009년에는 머리의 검은 선이 옅어 2년생으로 보이는 왜가리 1마리가 더 머물고 있다. 하지만 2009년 현재까지 번식은 하지 못하고 있다. 사람과 친숙하여 가까이 다가오기도 하므로 자세히 관찰할 수 있다. 봄철에 다른 왜가리들이 찾아와 4마리가 동시에 관찰된 적도 있는데, 붙박이 왜가리와 까치들이 몰아냈다. 사냥 장소가 한정되어 있기 때문인 것 같다.

● ○ **2006. 11. 창덕궁 신선원전** 2004년 2월에 죽은 왜가리의 뒤를 이어 동궐에 자리 잡은 왜가리
○ ● **2005. 05. 창경궁 춘당지** 목을 접고 다리를 뒤로 뻗어 나는 모습

춘당지에서의 사냥법 보통 왜가리는 얕은 물속을 긴 다리로 걸어 다니며 물고기를 잡아먹는데, 춘당지를 비롯하여 동궐의 연못은 수심이 1m가 넘어 물고기 사냥이 쉽지 않다. 그래서 물고기가 수면 가까이 올라오기를 기다렸다가 물 위로 날아가 긴 부리로 물고기 몸통을 꿰뚫어 잡아먹는다. 춘당지 주변에 관람객이 많으면 춘당지 섬 안의 나무에 앉아 물고기를 노리거나 관람객이 접근하지 않는 남쪽 향나무 밑과 북쪽 연못가에서 물고기를 잡는다. 또는 조용한 창덕궁에서 쉬다가 창경궁 관람 종료 안내 방송이 나오면 5분쯤 뒤에 춘당지로 날아오기도 한다. 그러나 창경궁 휴무일인 화요일 오전에는 춘당지 동쪽 연못가에서, 한낮에는 남쪽 향나무 부근에서, 늦은 오후에는 연못가에서 주로 사냥하는데, 아마도 수면에 반사되는 빛을 피하여 물속의 물고기를 잘 볼 수 있는 장소를 택하는 것으로 보인다. 때로는 창덕궁의 부용지, 애련지에서 서쪽 신선원전 구역의 몽답정 연못까지 먹이를 찾아다닌다. 잡은 물고기 크기가 20cm를 넘으면 바로 삼키지 못하고 땅에 놓아 힘이 빠지기를 기다렸다가 삼킨다.

    2006년 12월 중순 춘당지 정비 공사 때 연못의 수위가 낮아져 물고기들이 드러나자 왜가리는 얕은 물속을 걸어 다니며 제대로 포식했다. 그리고 춘당지의 물이 다시 채워지는 2007년 1월 말까지 다른 곳에서 겨울을 보내다 서너 차례 춘당지 위를 선회하곤 하였다. 정비 공사가 끝난 뒤 왜가리가 다시 돌아왔지만, 먹이가 줄어들어서인지 보기가 힘들어졌다. 어미 흰뺨검둥오리가 춘당지 북쪽 가장자리에 앉아 있는 왜가리를 갑자기 공격하는 것을 본 적이 있는데 아마도 왜가리가 흰뺨검둥오리의 새끼를 잡아먹은 것 같다.

- ● 2004. 02. 창경궁 춘당지   굶주린 왜가리가 얼음 틈 사이로 작은 물고기를 잡고 있다.
- ○ 2005. 11. 창경궁 춘당지   잡은 물고기를 물고 날아오르는 왜가리

중대백로 Great Egret

황새목 백로과
몸길이 90cm
번　식 4~6월

우리나라에서 흔하게 번식하는 여름새이다. 대백로보다는 몸집이 약간 작고, 쇠백로나 중백로보다는 약간 크다. 온몸이 순백색이고 눈 앞부분이 약간 녹색이다. 부리는 여름엔 검고, 겨울엔 노란색이 된다. 번식기에는 등에 가늘고 긴 장식깃이 우아하게 흘러내린다. 먹이로는 물고기를 비롯하여 개구리, 수생곤충 따위를 잡아먹는다.

관찰 시기와 장소 2002년 여름부터 가을까지 창경궁 춘당지에 어린 중대백로 1마리가 머물렀다. 춘당지의 수심이 깊어 습성대로 물속을 걸으며 물고기를 잡을 수 없는데도 잘 적응하였다. 소춘당지에서 내려오는 부유물을 막으려고 쳐놓은 그물망 위에 걸린 작은 물고기들을 잡아먹으며 10월 초까지 머물렀다. 날아가는 잠자리를 낚아채서 먹는 것도 볼 수 있었다. 수개월간 자주 만나자 내가 자신을 해치지 않을 것이라는 믿음이 생겼는지 경계하지 않아, 9월부터는 가까이 다가와 쉽게 촬영할 수 있었다. 그러나 추석 연휴에 놀러 나온 어린이들이 만지려고 하자 놀랐는지, 그 이후로는 거리를 두었다. 2008년과 2009년 5월에도 창경궁 춘당지와 소춘당지에서 몇 차례 관찰하였다.

●○ **2002. 10. 창경궁 춘당지** 온몸이 새하얀 중대백로
○● **2002. 10. 창경궁 춘당지** 날개를 편 모습

∴ **2002. 09. 창경궁 춘당지 북서쪽**   그물 위에 앉아 물고기를 잡는 중대백로

해오라기 Black-crowned Night Heron

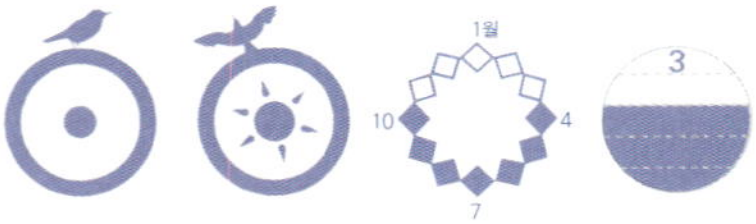

황새목 백로과
몸길이 57cm
번　식　4~8월

  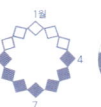

우리나라의 흔한 텃새이자 여름새이다. 머리와 등은 검은빛을 띠는 녹색, 날개는 회색, 몸통 아랫면은 흰색이다. 윗목에서 등으로 가늘고 긴 흰색 댕기깃이 2~3가닥 있고, 꽁지는 짧다. 댕기깃이 긴 쪽이 수컷인데, 암수 구별은 어렵다. 어린새는 몸 전체가 갈색이며, 몸 윗면에 밝은 갈색의 반점이 무수하다. 목에서 배까지 갈색의 뚜렷한 줄무늬가 있다. 태어난 해에는 갈색 깃털로 겨울을 지내고 이듬해 여름 어른새와 같은 색으로 깃털갈이를 한다. 먹이로는 물고기, 개구리 등을 잡아먹는다.

관찰 시기와 장소 4월부터 10월까지 창경궁 춘당지와 소춘당지에서 볼 수 있다. 낮에는 춘당지 섬 안의 소나무에서 쉬다가 오후 늦게부터 작은 물고기를 잡아먹는다. 해마다 어른새, 2년차 미성숙새, 1년차 어린새를 관찰하였는데, 번식을 확인하지는 못했다. 2년차 미성숙새의 깃털이 어른새로 바뀌는 것으로 보아 3년차부터 번식하는 것 같다. 어른새는 10월 중에 떠나지만, 어린새는 11월까지 관찰된다. 춘당지에서 겨울을 나지는 않는데, 2006년 12월 중순 춘당지 정비 공사로 춘당지의 물 높이가 낮아지는 바람에 물고기가 드러나자 어른새 2마리와 어린새 1마리가 관찰되었고, 2007년 2월 하순에도 관찰되었다. 아마도 그리 멀지 않은 장소에서 겨울을 지내는 것 같다.

●○○ **2006. 12. 창경궁 춘당지** 얕아진 춘당지 물속을 걸어 다니며 물고기를 잡는 해오라기
○●○ **2006. 04. 창경궁 춘당지 섬** 옆모습
○○● **2006. 07. 창경궁 춘당지 섬** 몸통 아랫면이 흰색인 앞모습

○○ 2004. 05. 창경궁 춘당지 섬 소나무에 앉아 있는 해오라기 2마리
○○ 2006. 05. 창경궁 춘당지 다른 곳으로 날아가고 있다.
○● 2005. 09. 창경궁 춘당지 섬 기지개를 펴고 있는 해오라기

♂♀ **2005. 07. 창경궁 춘당지 남쪽 향나무**   몸 전체가 갈색인 미성숙새
♂♀ **2006. 05. 창경궁 춘당지**   아직 댕기깃이 생기지 않은 미성숙새
♂♀ **2007. 05. 창경궁 춘당지**   물고기를 잡던 미성숙새가 촬영에 관심을 보인다.

검은댕기해오라기 Striated Heron

황새목 백로과
몸길이 52cm
번 식 4~7월

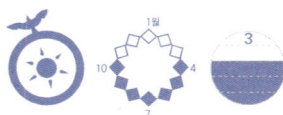

흔한 여름새이다. 머리 꼭대기에 검은색 긴 댕기깃이 있어 '검은댕기해오라기'라는 이름이 붙었다. 등과 어깨는 짙은 청록색이고 가슴과 배는 잿빛이다. 부리가 길고 검은색이며 다리는 백로류에 비해 짧고 노란색이다. 암수의 모습은 다르지 않으나, 2년차의 미성숙새는 몸에 갈색 세로무늬가 드문드문 나 있다. 땅에 내려앉을 때는 목을 Z자로 웅크리고, 날아오를 때도 다시 목을 Z자로 구부리고 다리를 뒤로 쭉 뻗는다. 날아오를 때 소리를 낸다.

주로 작은 물고기를 잡아먹는데, 물가에 앉아서 물고기가 수면 가까이 떠오를 때를 기다렸다가 재빨리 몸통보다도 더 긴 목을 내밀어 잡거나 연잎 위를 걸어 다니며 먹이를 잡는다. 곤충이나 나뭇잎, 깃털 등 가짜 미끼를 이용하여 물고기를 유인할 정도로 낚시 솜씨가 뛰어나다.

관찰 시기와 장소 창경궁 춘당지, 창덕궁 부용지와 애련지, 신선원전 구역의 몽답정 앞 연못에서 볼 수 있다. 보통은 3월 하순에서 4월 초에 창경궁 춘당지로 돌아와 세력권을 지키다 4월에 알을 낳고 5월 하순에 부화하여 번식한 뒤 10월 월동지로 남하하는데, 2007년 2월 22일 춘당지에서 발견한 적이 있다. 이는 새들의 도래 시기가 빨라졌거나 기후 온난화로 국내에서 월동한 후 일찍 북상한 것이 아닌가 싶다.

●○ **2007. 06. 창경궁 춘당지** 검은색 댕기깃이 보인다.
○● **2006. 07. 창덕궁 부용지** 나뭇가지 위에서 물고기를 노리는 검은댕기해오라기

번식 해마다 한 쌍이 창경궁 춘당지 북쪽 능수버들에 둥지를 틀고 번식한다. 1배에 새끼 수는 보통 4~5마리이며, 태어난 이듬해에는 번식하지 않고 3년차부터 번식한다. 2006년에는 5월과 7월 두 차례의 번식을 확인하였고, 2007년부터 2009년에는 번식하지 않았다. 새끼는 둥지를 떠날 때 잘 날지 못하며 물가로 내려가 어미로부터 먹이를 받아먹으면서 물고기 잡는 법을 익히고, 간혹 잠자리 같은 곤충을 잡아먹기도 한다. 새끼들이 스스로 먹이를 잡을 수 있게 되면, 어미들은 먹이 경쟁을 피하려는 듯 새끼들 주변에 모습을 잘 드러내지 않는다. 9월까지 춘당지와 소춘당지에서 어린새들을 관찰할 수 있었다.

- **2005. 05. 31. 창경궁 춘당지 북쪽** 둥지에서 어미를 기다리는 새끼들
- **2005. 06. 11. 창경궁 춘당지 북동쪽** 둥지를 떠나 먹이를 기다리는 새끼들
- **2005. 06. 21. 창경궁 소춘당지 남쪽** 어린새
- **2006. 07. 창덕궁 부용지** 개구리를 잡은 2년차 미성숙새

• 2006. 05. 창경궁 소춘당지 동쪽   검은댕기해오라기의 물고기 사냥

흰날개해오라기 Chinese Pond Heron

황새목 백로과
몸길이 45cm
번　식　5~6월

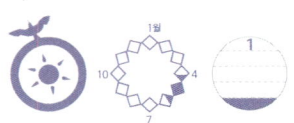

우리나라의 철원 한탄강 유역과 한강 유역에서 번식이 확인된 보기 드문 여름새이다. 하얀 날개를 가진 까닭에 흰날개해오라기라는 이름을 갖게 되었다. 머리와 목 주변이 적갈색이고, 뒷머리에 적갈색의 긴 댕기깃이 있다. 몸의 윗면은 전체적으로 검고, 아랫면과 날개는 희다. 부리는 노란색이며 끝이 검다. 겨울에는 머리, 목, 가슴에 갈색과 암갈색의 세로 줄무늬가 생긴다. 해오라기와 비슷하지만, 해오라기는 머리가 검고 날개와 꽁지가 회색이라 쉽게 구별할 수 있다. 먹이로는 물고기, 개구리, 수생곤충 등을 잡아먹는다.

관찰 시기와 장소 해마다 1~2마리가 동궐을 지나가는 것으로 보인다. 관람객이 적은 이른 아침 창덕궁 애련지 부근과 창경궁 춘당지, 소춘당지에서 드물게 관찰된다. 2005년 5월 창덕궁 애련지에서 1마리를 여러 차례 관찰하였고, 2006년 5월에는 창덕궁 애련지와 창경궁 춘당지, 소춘당지에서 관찰하였다. 그리고 2008년 4월 말부터 5월 초 사이, 2009년 5월 말에 창경궁 춘당지에서 1마리를 관찰하였다. 보통은 경계가 심하여 관찰이 힘들지만, 해마다 만나서인지 달아나지 않아 가까이 다가가 촬영을 할 수 있었다.

●○○ 2009. 05. 창경궁 춘당지 북쪽 물고기를 노리고 있는 흰날개해오라기
○●○ 2009. 05. 창경궁 춘당지 섬 동쪽 촬영하는 것을 바라보고 있다.
○○● 2006. 05. 창경궁 춘당지 북동쪽 흰 날개가 돋보이는 흰날개해오라기

2006. 05. 창덕궁 애련지　연잎 위에서 물고기를 잡는 흰날개해오라기

모아 보기 희고 깨끗함을 상징하는

백로류

| 황새목 백로과 |

중대백로

해오라기

긴 부리, 긴 목, 긴 다리를 가진 물새이다. 보통 나무 위에 둥지를 틀고 무논, 호수, 해안 등지에서 물고기, 개구리, 수생곤충 등을 잡아먹는다. 얕은 물에서 먹이를 잡아먹기에 알맞은 몸의 구조를 지녔다. 날 때는 목을 구부려 날지만 짧은 거리에서는 목을 앞으로 펴서 나는 경우도 있다. 가슴과 허리에 가루를 뿜는 '분면우紛綿羽'가 있는데, 이것이 깃털에 내수성을 갖게 하여 진흙이나 물고기 피 등으로부터 몸이 더러워지는 것을 막아준다. 암수는 비슷하게 생겼지만 여름깃과 겨울깃, 어미새와 어린새는 차이가 큰 편이다. '까마귀 싸우는 곳에 백로야 가지 마라'라는 시조도 있듯이 흔히 백로를 학이나 백조처럼 흰 새의 대표격으로 떠올리는데, 모두 하얗지는 않다.

동궐에서는 해오라기, 흰날개해오라기, 검은댕기해오라기, 왜가리, 중대백로, 쇠백로 등을 볼 수 있다. 머리와 등이 검은색이면 해오라기, 머리와 목주변이 적갈색이고 날개가 흰색이면 흰날개해오라기, 짙은 청록색에 검은색 긴 댕기깃이 달려 있으면 검은댕기해오라기이다. 연한 회색빛의 왜가리는 우리나라에서 관찰되는 백로류 중에서 몸집이 가장 크고, 중대백로는 온몸이 순백색이다. 모두 창경궁 춘당지에서 주로 관찰된다.

쇠백로

왜가리

검은댕기해오라기

물총새 Common Kingfisher

파랑새목 물총새과
몸길이 17cm
번 식 4~7월

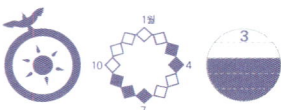

우리나라에서 번식하는 흔한 텃새이다. 이름에서 짐작할 수 있듯이 강가나 연못, 늪 주변에서 산다. 몸 윗면은 전반적으로 청색이고 등 가운데는 강한 금속성 광택의 청록색, 몸 아랫면은 선명한 주황색이다. 수컷의 부리는 전체적으로 검은색인데, 암컷의 아랫부리에는 붉은빛이 돈다. 어린 새의 가슴에는 검은빛이 남아 있다.

벌새처럼 정지 비행을 하며 물고기 잡을 기회를 노리다가 물속으로 다이빙하여 부리로 물고기를 잡아 챈 후 제자리로 돌아온다. 잡은 물고기는 부리에 문 채 단단한 곳에 부딪혀 물고기의 힘을 뺀 후 삼킨다. 물고기를 워낙 잘 잡기 때문에 '물고기 귀신'이라 불리며, 영어 이름도 '낚시왕 Kingfisher'이다. 금속성이 섞인 날카로운 목소리로 운다.

관찰 시기와 장소 한여름 창경궁 춘당지와 소춘당지, 창덕궁 애련지와 부용지에서 관찰할 수 있다. 특히 춘당지 섬과 남동쪽 향나무 아래에서 물고기 잡는 모습을 자주 볼 수 있다. 성숙한 물총새들은 춘당지에서 영역 다툼을 하기도 한다. 9월 중에 남쪽으로 내려가는데 어린새는 더 오래 머물러 10월까지 관찰되기도 한다. 창경궁에서 한두 달 지내면서 사람들에게 익숙해졌는지, 어린새는 촬영을 두려워하지 않고 오히려 가까이 다가와 쳐다보기도 했다. 2009년 4월 하순에는 창경궁 춘당지에서 북상중인 물총새 1마리를 관찰하였다. 동궐에서 번식하지는 않는다.

●○○ **2005. 08. 창경궁 춘당지 서남쪽** 검은색 부리의 수컷
○●● **2005. 08. 창경궁 춘당지 남동쪽** 아랫부리가 붉은색인 암컷

- 2004. 08. 창경궁 춘당지 남동쪽   미성숙새
- 2004. 08. 창경궁 춘당지 남동쪽   기지개를 켜는 미성숙새
- 2005. 08. 창경궁 춘당지 남동쪽   물속으로 뛰어들려는 찰나
- 2003. 09. 창경궁 춘당지   정지 비행

♂ 2006. 09. 창경궁 춘당지　영역 다툼을 하는 2마리
♀ 2005. 08. 창경궁 춘당지 남동쪽　물고기 잡이에 성공한 물총새

깝작도요 Common Sandpiper

도요목 도요과
몸길이 20cm
번　식 5~7월

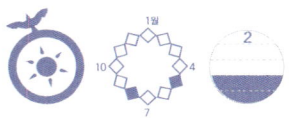

흔하지 않은 여름새이자 흔한 나그네새이다. 꽁지를 잠시도 가만히 놔두지 않고 유난스럽게 깝작거린다고 해서 '깝작도요'라는 이름을 갖게 되었다. 고사성어 '어부지리漁父之利'에 등장하는 새가 바로 깝작도요와 같은 도요새류인데, 조개와 도요새가 옥신각신하는 틈에 그곳을 지나는 어부에게 둘 다 잡혀 버렸다는 이야기에서 유래한 것이다. 몸의 윗면은 약간 녹색을 띤 갈색이고, 등과 날개에 흑갈색 띠가 있으며, 가슴에 갈색의 줄무늬가 있고, 가슴 아래쪽은 흰색이다. 다리와 날개, 부리가 몸통에 비해 긴 편이다. 가늘고 높은 소리를 계속해서 낸다. 먹이는 곤충과 거미, 갑각류, 작은 조개 등을 잡아먹는다.

관찰 시기와 장소 동궐에 오래 머물지 않는다. 봄가을에 창경궁 춘당지와 옥천에 하루 이틀 머물다가 통과한다. 북상 시기인 5월과 남하 시기인 8월, 관람객이 적은 오전에 창경궁 춘당지 섬 안에서 쉬는 새들을 두세 차례 관찰하였고, 창경궁 옥천에서 인기척에 달아나는 모습을 여러 번 보았다. 2004년 8월 종묘 정전 남쪽 연못가에서 만난 2마리가 별로 경계하지 않아 촬영을 할 수 있었다. 대개는 사람을 두려워하여 관찰하기가 쉽지 않다.

● ○ 2004. 08. 종묘 정전 남쪽 연못가 부리와 다리가 긴 깝작도요
○ ● 2004. 08. 종묘 정전 남쪽 연못가 사람을 별로 경계하지 않는 2마리

밀화부리 Chinese Grosbeak

참새목 되새과
몸길이 19cm
번 식 5~6월

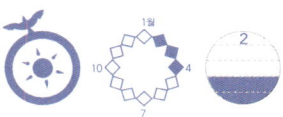

흔하지 않은 여름새이다. 가장 눈에 띄는 신체 부위는 노란색으로 반들반들하며 시작 부분에 청색이 감도는 부리이다. 밀화부리를 '납취조蠟嘴鳥'라고도 부르는데, '납취'는 부리가 밀랍을 칠해 놓은 듯 반질반질하다는 뜻이다. '밀화부리'라는 이름도 이 '납취'를 우리말로 풀어 쓴 것이다. 뽕나무 열매 오디를 좋아해서 '오디새'라는 별명으로 불리기도 한다.

　　수컷의 머리는 광택이 있는 검은색이고 검은색 날개에 뚜렷한 흰색의 띠가 있다. 꼬리는 검은색, 나머지 깃은 회색이다. 암컷의 머리와 등은 회갈색이다. 큰밀화부리와는 크기에서 차이가 나고, 머리의 검은색 부분이 더 많으며 날개의 흰색도 다르다.

관찰 시기와 장소　동궐에서는 드물게 관찰되는 여름새로, 동궐에서 번식은 하지 않는다. 사람을 두려워하지 않으며, 창경궁 소춘당지 주변과 춘당지 남동쪽 옥천, 창덕궁 신선원전 부근에서 관찰된다.

　　2006년 3월 중순부터 4월 하순 사이에 창경궁 소춘당지와 창덕궁 부용지 휴게소에서 10여 마리를, 그리고 2007년 2월 중순 창경궁 춘당지 남동쪽 옥천에서 6~7마리를 관찰하였다. 여름철새인 밀화부리를 2004년 2월 1일, 2006년 3월 13일, 2007년 2월 13일, 2008년 2월 19일에 볼 수 있었던 것으로 보아 이들의 도래 시기가 점차 빨라지고 있는 것 같다.

●○○ **2007. 02. 창경궁 춘당지 남동쪽**　머리가 회갈색인 암컷
○●○ **2006. 04. 창경궁 소춘당지 남서쪽**　광택 있는 검은색 머리의 수컷
○○● **2006. 03. 창경궁 소춘당지 남서쪽**　암컷의 뒷모습

쇠유리새 Siberian Blue Robin

참새목 지빠귀과
몸길이 14cm
번　식　5~7월

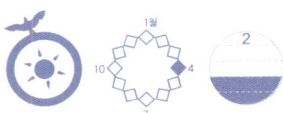

우리나라에서는 높은 산에서 번식하는 보기 드문 여름새이다. 수컷은 머리부터 꼬리까지 몸의 윗면이 선명한 파란색이고 턱과 가슴, 배는 흰색이다. 얼굴과 목 양쪽에 검은색 띠가 있어 윗면과 아랫면의 경계를 이룬다. 몸 윗면이 파란색인 점이 큰유리새와 비슷하나, 얼굴과 가슴이 검은색인 큰유리새와는 달리 얼굴과 가슴이 흰색이라 구별할 수 있다. 암컷은 몸의 윗면이 갈색이고 턱에는 희미한 갈색 반점이 있다. 숲속에서 몸을 숨기고 있어 관찰하기가 어렵다. 먹이로는 곤충의 유충과 성충을 잡아먹는다.

관찰 시기와 장소 동궐에서는 2005년 4월 창경궁 온실 북동쪽에서, 그리고 2007년 4월 창경궁 춘당지 남동쪽에서 관찰되었다. 관찰 횟수가 적어 시기와 장소를 예상하기 어렵다.

●●○ **2005. 04. 창경궁 온실 북동쪽** 선명한 파란색의 수컷
○○● **2007. 04. 창경궁 춘당지 남동쪽** 쇠유리새 수컷이 날아오르는 순간

숲새 Short-tailed Bush Warbler

참새목 휘파람새과
몸길이 10cm
번 식 5~6월

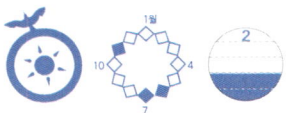

흔한 여름새이다. 몸이 작고 꽁지도 짧다. 등은 갈색, 가슴은 옅은 회갈색, 배는 흰색이며, 회백색의 눈썹선이 뚜렷하다. 울음소리도 작고 약하다. 단독 또는 암수 함께 생활하며 관목 숲이나 낙엽활엽수 밑의 풀 속에 잘 숨는다. 동작이 활발하고 몸을 좌우로 흔드는 버릇이 있다. 먹이로는 곤충류나 지렁이 등을 잡아먹는다.

관찰 시기와 장소 동궐에서 2~3마리 이상이 여름을 나는 것으로 추정되지만, 사람에 대한 경계가 심하여 인기척을 느끼면 바로 관목 속으로 숨어버리기 때문에 관찰이 어렵다. 여름철 창경궁 자경전 터 북동쪽에서 여러 차례 관찰하였고, 2006년 11월 중순 창경궁 온실 북동쪽에서 지렁이를 잡는 모습을 촬영하였다.

•••• **2006. 11. 창경궁 온실 북동쪽** 숲새의 옆·뒤·앞모습, 날개를 편 모습

흰눈썹황금새 Tricolor Flycatcher

참새목 딱새과
몸길이 13cm
번 식 5월

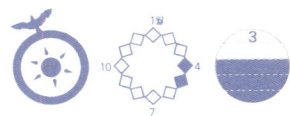

흔하지 않은 여름새이다. 수컷은 머리와 등, 날개가 검은색이고 턱에서부터 목, 가슴, 배, 허리에 이르기까지 황금색이다. 눈썹은 흰색이고 꽁지에 흰색 무늬가 선명하다. 암컷은 머리와 등이 흑갈색이고 배와 허리는 황금색이다. 황금새와 비슷한데 눈썹이 노란색이면 황금새이고, 흰색이면 흰눈썹황금새이다. 노랑딱새와도 비슷하여 혼동하기 쉬운데, 흰눈썹황금새는 가슴과 허리가 황금색이고, 노랑딱새는 턱과 가슴이 붉은색, 배 부분이 흰색이어서 차이가 있다. 먹이는 주로 곤충이나 나방의 유충 등을 잡아먹는다.

관찰 시기와 장소 동궐에서는 주로 4~5월에 드물게 관찰되나, 번식은 확인하지 못했다. 창덕궁 북쪽 길에서 암컷을 한 차례 관찰하였고, 창경궁 온실 북서쪽, 관덕산 남쪽에서 수컷을 관찰하였다. 종묘 정전 남쪽에서도 남하 시기인 8월에 암컷을 본 적이 있다.

●●○ **2005. 04. 창경궁 온실 북서쪽** 몸통 윗면이 검은색인 수컷
○○● **2005. 05. 창덕궁 북쪽** 몸통 윗면이 흑갈색인 암컷

노랑할미새 Grey Wagtail

참새목 할미새과
몸길이 20cm
번　식　4~6월

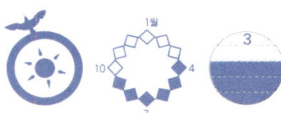

흔한 여름새이다. 미끈하고 날씬한 몸매에 긴 꽁지를 가진 할미새류 중에서도 가장 긴 꽁지를 가졌다. 긴 꽁지를 까딱까딱거리며 걸어 다니는 모습이 귀엽다. 암수 모두 등은 잿빛이고, 가슴은 노란색을 띤다. 눈에는 흰색의 눈썹선이 있는데, 턱을 지나는 선과 나란하다. 암컷은 멱이 흰색인데 수컷은 검은색이며, 수컷의 배와 가슴이 암컷보다 더 짙은 노란색이다. 날 때 노란색이 더 잘 보인다. 주로 물가에서 생활하는데, 땅 위를 걸어 다니며 곤충이나 거미 등을 잡아먹는다.

관찰 시기와 장소 4월 초부터 창경궁 옥천과 춘당지 주변에서 볼 수 있으며, 8~9월 옥천교 주변에서도 자주 관찰된다. 2005년과 2006년 창덕궁 신선원전 구역에서 번식하여 새끼들에게 먹이를 주고 있는 어미새를 관찰하였다. 어미새는 5월 중순에 신선원전 구역의 냇가에서 새끼를 데리고 다니기도 했다. 2006년 4월에는 수컷 1마리를 두고 다투는 암컷 2마리를 창경궁 옥천에서 발견하였으나 번식을 확인하지는 못했다. 번식이 끝난 7월에 관찰된 새들은 머리 깃털이 거칠고, 가슴과 배의 노란색이 없어 암수 구별이 쉽지 않았다. 번식이 끝난 7월에 깃털갈이를 하는 것으로 보인다.

● ○ **2005. 09. 창경궁 옥천교 남쪽** 멱이 흰색인 암컷
○ ● **2006. 04. 창경궁 옥천** 멱이 검은색인 수컷

- 2007. 04. 창덕궁 의로전 남쪽 개울 노랑할미새의 교미
- 2005. 05. 창덕궁 의로전 지붕 둥지를 떠난 어린새

- 2006. 07. 창덕궁 **부용지**   깃털갈이를 하여 가슴의 노란색이 없어진 모습
- 2005. 05. 창덕궁 **의로전 남쪽**   새끼에게 먹이를 주는 암컷
- 2005. 07. 창경궁 **춘당지 동쪽**   곤충을 잡은 노랑할미새

알락할미새 White Wagtail

참새목 할미새과
몸길이 18cm
번 식 4~6월

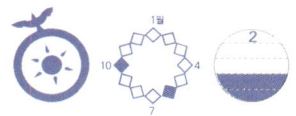

흔한 여름새이다. 겉모습은 겨울새인 백할미새와 비슷하지만 백할미새에게 있는 검은 눈선이 없어서 구별된다. 알락할미새의 아종으로는 검은턱할미새, 시베리아(알락)할미새가 있다.

수컷은 정수리, 등, 가운데 꽁지깃, 가슴이 검은색이고 나머지는 흰색이다. 암컷도 비슷하지만 등이 회색에 좀더 가깝다. 겨울에는 깃털의 빛깔이 흐려지고, 가슴의 검은색 띠가 반달 모양으로 줄어든다. 얄미울 정도로 꽁지를 까불어댄다. 주로 거미류나 곤충류를 잡아먹으며 하천이나 자갈밭에서 서식한다.

관찰 시기와 장소 동궐에서는 드물게 볼 수 있는 여름새로 10월 전후에 창경궁 옥천과 춘당지에서 한두 차례 관찰된다. 2007년 6월 창경궁 춘당지 주변에서 깃털갈이 중인 알락할미새가 관찰되었다.

●○○ 2005. 10. 창경궁 옥천교 남쪽 행각　가슴이 검은색인 알락할미새
○●● 2005. 10. 창경궁 옥천교 남쪽　앞모습과 뒷모습

:: 2007. 06. 창경궁 춘당지 동쪽 깃털갈이 중인 알락할미새
:: 2007. 06. 창경궁 춘당지 남쪽 촬영을 두려워하지 않고 배를 깔고 쉬고 있다.

모아 보기 긴 꽁지를 잘 흔드는
할미새류
| 참새목 할미새과 |

백할미새 힝둥새

긴 꽁지와 날씬한 몸을 가진 작은 새이다. 다리와 발가락이 길며, 특히 뒷발가락이 길다. 목이 짧고 부리 끝이 뾰족한 편이다. 주로 물가에서 생활하는데, 땅 위를 걸어 다니며 곤충을 잡아먹고 풀씨도 찾아 먹는다. 앉아 있을 때는 꽁지를 위아래로 까딱까딱 잘 흔들며, 파도 모양으로 날아간다. 보통 깃털은 흰색, 검은색, 노란색, 회색, 갈색으로 이루어져 있다. 우리나라에서 볼 수 있는 할미새과의 새로 긴발톱할미새, 노랑머리할미새, 노랑할미새, 알락할미새, 백할미새, 검은등할미새, 물레새 등의 할미새류와 밭종다리류, 힝둥새 등 14종이 있다.

동굴에서는 가슴과 배가 노란색인 노랑할미새, 가슴이 검은색인 알락할미새, 검은색 눈썹선이 선명한 백할미새, 그리고 등이 녹색을 띤 갈색인 힝둥새를 볼 수 있다. 그리고 긴발톱할미새의 아종으로 눈썹선이 흰색인 흰눈썹긴발톱할미새와 물레새도 드물게 찾아온다.

흰눈썹긴발톱할미새

노랑할미새

백할미새 Black-backed Wagtail

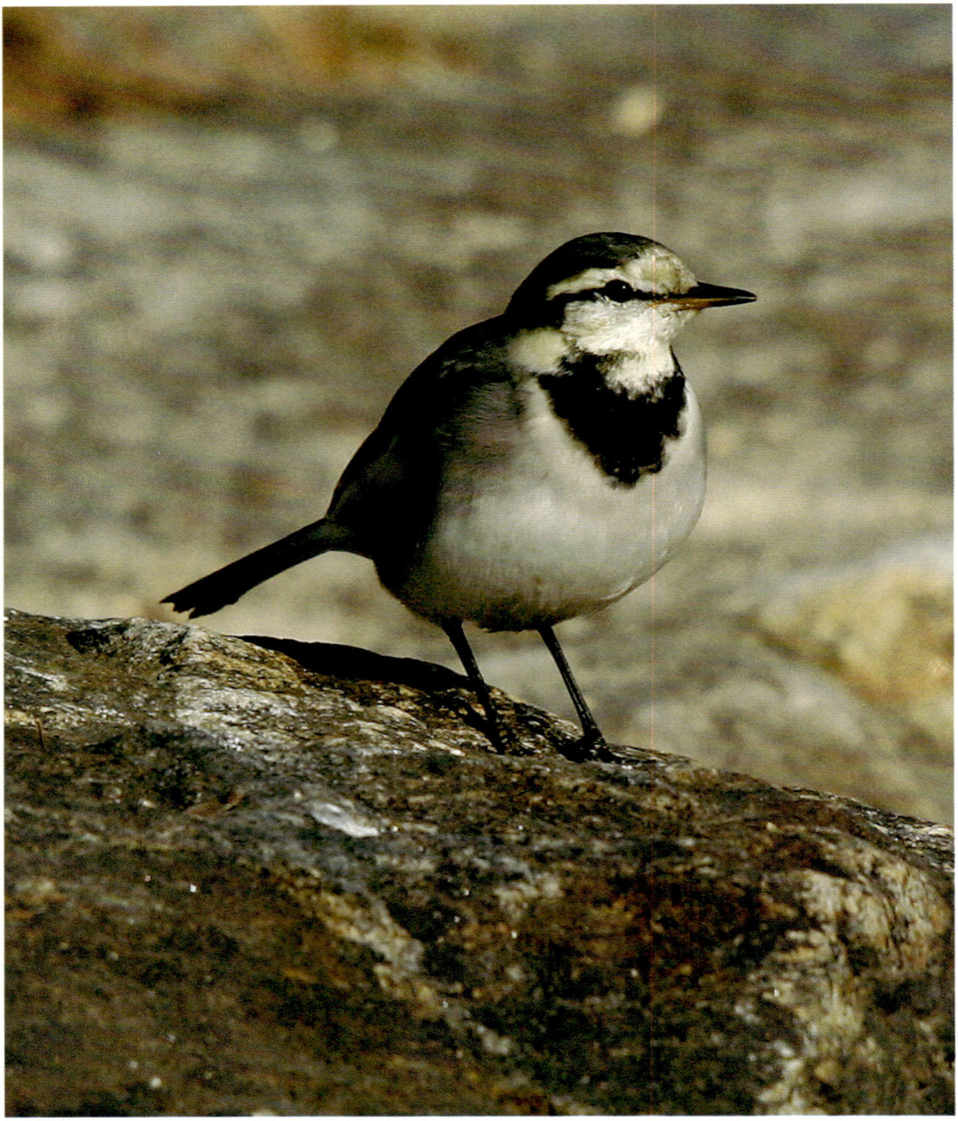

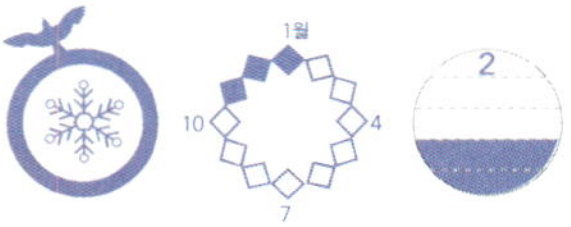

참새목 할미새과
몸길이 21cm
번 식 5~7월

비교적 흔한 겨울새이다. 검은색 눈썹선이 특징이다. 부리와 다리는 검은색이며, 꽁지도 검은색인데 가장자리깃은 흰색이다. 수컷은 뒷머리와 뒷목이 검은색, 암컷은 회색인데, 전체적으로 암컷은 수컷에 비해 색이 흐리다. 꽁지깃을 아래위로 움직이고 날아갈 때는 짧은 울음소리를 내기도 하며, 물결치는 듯한 모양으로 날아간다. 물가에서 생활하며 작은 물고기나 잠자리 등의 곤충류, 거미류 등을 잡아먹는다.

관찰 시기와 장소 동궐에서는 월동하지 않아 초겨울에 창경궁 춘당지와 옥천에서 잠시 관찰된다. 2004년부터 해마다 11월 말에서 12월 초 사이에 관찰했는데, 사람을 경계하지 않아 관찰하기가 쉽다. 관찰 첫 해에는 촬영을 피하던 새가 2005년에는 2번이나 먼저 다가왔고 2006년에는 낯이 익었는지 촬영에 관심을 보이며 가까이 날아오는 덕분에 깃털 다듬는 모습까지 관찰할 수 있었다. 2006년 12월 중순 창경궁 춘당지 정비 공사로 춘당지의 물을 빼서 물고기들이 드러나자, 작은 물고기를 잡아먹으며 1주일 넘게 머물기도 하였다. 텃세하는 직박구리에 맞서 싸우는 모습을 본 적도 있다.

●○○ **2006. 12. 창경궁 춘당지 서북쪽** 촬영에 관심을 보이는 백할미새
○●○ **2006. 12. 창경궁 춘당지 서북쪽** 깃털 다듬는 모습
○○● **2008. 01. 창경궁 옥천교 북쪽** 눈썹선, 꽁지, 다리가 검은색이다.

큰부리밀화부리 Japanese Grosbeak

참새목 되새과
몸길이 21cm
번　식　5~6월

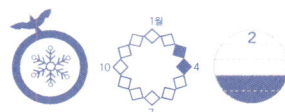

흔하지 않은 나그네새이며 겨울새이다. 밀화부리보다 훨씬 크고 노란 부리가 특징이다. 우람한 부리에 전체적으로 윤기가 도는 회갈색 깃털을 가지고 있으며, 얼굴, 날개, 꽁지는 검고, 꽁지에 흰색 점무늬가 있는 귀여운 모습이다. 암수의 깃털색은 비슷한데, 암컷의 깃털이 수컷에 비해 옅으며 약간 갈색을 띤다.

나무 열매의 크고 딱딱한 종자도 두껍고 단단한 부리로 잘 먹고 나방의 고치 속에 들어 있는 유충이나 번데기를 잡아먹기도 한다.

관찰 시기와 장소 동궐에서 보기 힘든 새로 한 차례 관찰했을 뿐이어서 관찰 시기와 장소를 예측하기 어렵다. 2004년 3월 초부터 4월 초까지 한 달 동안 창경궁 관덕산, 춘당지 섬과 주변에서 10여 마리를 관찰하였다. 처음에는 사람을 몹시 경계했지만, 2~3주가 지나자 친숙해져서 가까이 다가가도 크게 경계하지 않았다.

●○○ 2004. 04. 창경궁 춘당지 북서쪽 가까이 다가가도 경계하지 않는 큰부리밀화부리
○●○ 2004. 04. 창경궁 춘당지 섬 물 마시는 모습
○○● 2004. 04. 창경궁 춘당지 섬 검은색 꽁지가 귀여운 뒷모습

콩새 Hawfinch

참새목 되새과
몸길이 18cm
번　식　4~6월

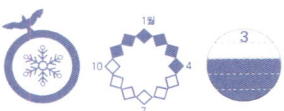

흔한 겨울새이다. 콩을 잘 먹는다고 하여 '콩새'라는 이름을 갖게 되었다. 학명도 '열매나 곡식을 부수어 먹는 새'라는 뜻을 담고 있다. 되새에 비해 머리와 부리가 크고 투박하며, 목이 굵고 짧다. 꽁지도 짧다. 수컷은 부리와 눈 사이가 검은색, 꽁지깃은 적갈색이고, 암컷은 부리와 눈 사이가 회갈색, 꽁지깃은 옅은 갈색이다. 암수 모두 꽁지깃 끝은 흰색이다. 느티나무와 단풍나무 씨앗을 잘 먹는다. 예리하고 날카로운 금속성 소리로 운다.

관찰 시기와 장소 동궐에서 드물게 관찰된다. 2005년 11월부터 2006년 4월까지 3~4마리를 창경궁 관덕산에서 관찰하였고, 2005년 11월에 창덕궁 신선원전 입구에서 수컷 1마리, 2006년 3월에는 창경궁 통명전 북서쪽과 창덕궁 북동쪽 공터에서 암컷 1마리를 관찰하였다.

●○○ **2005. 12. 창경궁 관덕산** 눈과 부리 사이가 검은색인 수컷
○●○ **2006. 01. 창경궁 관덕산** 눈과 부리 사이가 회갈색인 암컷
○○● **2006. 04. 창경궁 춘당지 남쪽** 암컷. 꽁지깃 끝이 흰색이다.

되새 Brambling

참새목 되새과
몸길이 16cm
번　식 5~7월

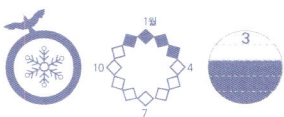

흔한 겨울새이다. 가을에 우리나라를 찾아와 월동하는 되새는 10마리에서 수백 마리가 무리 지어 생활한다. 수컷의 여름깃은 머리와 등이 짙은 검은색이고, 겨울이 되면 깃털갈이를 한다. 암컷은 머리와 어깨 사이가 갈색을 띠고 머리는 연한 회갈색이다. 수컷의 겨울깃은 암컷의 깃보다 색이 조금 짙기는 하지만 거의 비슷하다. 그러나 겨울철에도 여름깃을 한 수컷을 볼 수 있으며 암수 구별이 어려운 경우도 있다. 날아갈 때 허리의 흰색 부분이 잘 보인다. 농작물이나 나무 열매 등을 먹는데, 특히 느티나무와 느릅나무의 씨앗을 잘 먹는다.

관찰 시기와 장소 동궐에서는 해마다 20여 마리가 무리 지어 월동한다. 창경궁 관덕산과 야생화 단지에서 자주 볼 수 있다. 창덕궁 관람지 주변과 가정당 동쪽의 단풍나무, 낙선재 남쪽 정원에서도 볼 수 있으며, 창경궁 춘당지 남동쪽 옥천에서는 늦은 오후 물을 먹고 목욕하는 모습이 관찰되기도 했다. 2006년 11월 중순부터 2007년 3월까지는 30마리 가까운 되새들이 무리 지어 활동하였다. 사람을 경계하지만, 늦겨울과 초봄쯤이 되면 사람들에게 익숙해졌는지 멀리 달아나지 않았다.

●○○ **2007. 01. 창경궁 관덕산** 머리와 어깨 사이가 갈색인 암컷
○●○ **2007. 02. 창경궁 온실 북서쪽** 암컷의 옆모습
○○● **2008. 01. 창경궁 야생화 단지** 머리가 검은색인 수컷

개똥지빠귀 Dusky Thrush

참새목 지빠귀과
몸길이 23cm
번　식　5~6월

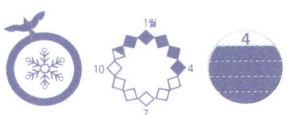

흔한 겨울새이자 봄가을의 나그네새이다. 시베리아 등지에서 날아와 겨울을 나는데, 한반도 남부에서는 주로 개똥지빠귀가, 중부 지역에서는 노랑지빠귀가 월동한다. 개똥지빠귀는 노랑지빠귀보다 가을에는 앞서 남하하고, 봄에는 조금 늦게까지 북상한다. 개똥지빠귀의 이동 거리가 더 멀기 때문인 것 같다.

수컷은 머리부터 꼬리까지 몸의 윗면이 암갈색이며, 눈썹선과 멱은 흰색이고, 가슴과 옆구리에 검은 반점들이 있다. 암컷은 수컷에 비해 무늬의 색깔이 옅고, 등과 날개에 갈색 기가 많다. 먹이로는 산수유, 황벽나무, 팥배나무 등의 열매를 좋아하며 지렁이나 벌레 따위도 먹는다.

관찰 시기와 장소 동궐에서 흔한 겨울새로, 해마다 1~2마리는 창경궁에 머물며 월동하는 것으로 보인다. 봄가을 이동 시기에 노랑지빠귀 무리에 섞여 함께 이동하는 개똥지빠귀 2~3마리도 보았다. 11월 중순부터 이듬해 4월 중순까지 창경궁 관덕산과 자경전 터 서쪽의 팥배나무에서 자주 관찰된다. 한겨울에는 산수유와 황벽나무 열매를 먹고, 나무 열매가 없어지면 창경궁 관덕산과 남서쪽에서 낙엽을 헤치고 먹이를 찾거나 잔디밭에서 풀씨를 찾아 먹기도 한다.

●∘∘ **2007. 03. 창경궁 춘당지 휴게소** 암갈색의 개똥지빠귀
∘●∘ **2007. 03. 창경궁 춘당지 휴게소** 가슴에 검은 반점들이 있다.
∘∘● **2004. 01. 창경궁 춘당지 남서쪽** 황벽나무 열매를 먹는 모습

노랑지빠귀 Naumann's Thrush

참새목 지빠귀과
몸길이 23cm
번 식 5~6월

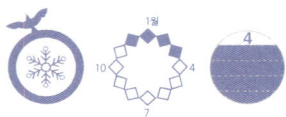

흔한 겨울새이자 나그네새이다. 생김새는 개똥지빠귀와 비슷하지만, 등이 연한 녹색을 띤 갈색이라는 점이 다르다. 가슴 부분이 황갈색, 붉은색, 팥죽색 등으로 다양하고, 멱과 가슴에 검은 줄무늬가 있는 것도 있으며, 눈썹선이 희미하여 거의 없는 것처럼 보이는 등 눈썹선과 몸의 색깔이 다양하다. 확실하게 개똥지빠귀로 구분되지 않는 경우 노랑지빠귀로 분류한다.

찔레나무, 팥배나무, 황벽나무, 산수유, 감나무 등의 열매를 잘 먹는다. 텃새인 직박구리의 먹이를 축내는 셈이 되므로 겨울 내내 직박구리들에게 쫓겨 다니지만, 그러면서도 팥배나무 열매를 놓고 노랑지빠귀들끼리 서로 다투기도 한다. 또 월동하지 않는 10여 마리가 무리를 지어 직박구리에게 대항하며 산수유 열매를 먹기도 한다.

관찰 시기와 장소 12월 초순부터 이듬해 4월 초순까지 동궐에서 볼 수 있다. 이동 시기가 개똥지빠귀와는 10일 정도 차이가 나는데, 아마도 개똥지빠귀가 남쪽으로 더 멀리 이동하기 때문인 것 같다. 주로 늦가을 창경궁 자경전 터 서쪽과 관덕산 솔밭에서 팥배나무 열매 먹는 모습을 쉽게 볼 수 있다. 창경궁에서 월동하는 몇 마리는 서로 영역을 다투기도 한다. 1월에는 창경궁 온실 북서쪽에서 황벽나무 열매 먹는 모습을 관찰하였다.

●○○ 2004. 03. 창경궁 옥천교 북쪽　노랑지빠귀
○●○ 2007. 01. 창경궁 남서쪽　낙엽을 헤치며 먹이를 찾는 모습
○○● 2004. 01. 창경궁 춘당지 남서쪽　황벽나무 위에 앉아 있다.

흰배지빠귀 Pale Thrush

참새목 지빠귀과
몸길이 23cm
번　식 6월

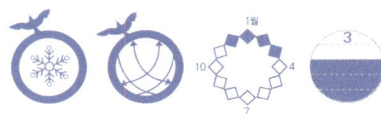

봄가을에 우리나라를 지나가는 나그네새이자 일부 텃새이기도 하다. 또 한반도 중부 이남에서 번식하는 여름새이자, 남해의 섬과 제주도 등지에서 겨울을 나는 겨울새이기도 하다. 수컷의 머리와 멱은 회색이며, 등은 연한 녹색을 띤 갈색이다. 암컷의 머리는 등과 같은 연한 녹색을 띤 갈색이며 수컷에 비해 색이 흐리다. 다른 지빠귀류와 달리 배가 얼룩진 흰색인 것이 특징이다. 암수가 쌍을 이루어 살지만 이동할 때는 무리를 이룬다. 나무 꼭대기에 앉아 아름다운 소리로 운다. 나무의 열매나 씨를 좋아하며 낙엽 밑에 숨어 있는 곤충, 지렁이 등도 잡아먹는다.

관찰 시기와 장소 동궐에서는 지나가는 나그네새이자 겨울새로 해마다 2마리 정도가 창경궁에서 월동한다. 겨울철 창경궁 온실 북서쪽에서 황벽나무 열매 먹는 모습을 쉽게 관찰할 수 있다. 창경궁 관덕산 솔밭과 춘당지 휴게소 동쪽에서도 자주 보인다. 낙엽을 헤치고 먹이 찾는 모습도 쉽게 볼 수 있다. 이동 시기에 동궐을 지나가는 새들은 사람을 피하지만, 창경궁에서 월동하는 새들은 사람들이 해치지 않는다는 것을 아는지 가까운 거리에서 마주쳐도 잘 달아나지 않고, 촬영도 경계하지 않는다. 같은 새가 해마다 월동하는 것으로 보인다.

●○○ **2005. 03. 창경궁 춘당지 남쪽** 향나무 위에 앉아 쉬고 있다.
○●○ **2005. 03. 창경궁 춘당지 남쪽** 뒷모습
○○● **2007. 01. 창경궁 풍기대 동쪽** 노래하는 흰배지빠귀

황여새 Waxwing

참새목 여새과
몸길이 20cm
번　식 6~7월

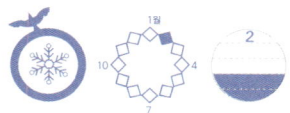

5~6년을 주기로 많은 수가 우리나라를 찾아오는 흔한 겨울새이다. 홍여새와 비슷하며 홍여새보다 몸집이 조금 크지만 야외에서는 그 차이를 구별하기가 힘들다. 머리깃이 길고 눈선과 턱은 검은색이다. 노란색 꽁지가 가장 큰 특징이며 날개에 흰 줄이 있다. 홍여새처럼 울음소리가 가냘프고 작다. 나무 열매를 좋아한다.

관찰 시기와 장소 동궐에서는 드물게 관찰된다. 2003년 2월 창경궁 춘당지 남서쪽에서 관찰하였는데, 홍여새와 같이 10여 마리가 무리를 지어 텃새인 직박구리들과 다투면서 황벽나무 열매를 먹고 있었다. 당시 황여새는 1주일 이상 머물렀다.

•••• **2003. 02. 창경궁 춘당지 남서쪽** 황벽나무 열매를 먹는 황여새

홍여새 Japanese Waxwing

참새목 여새과
몸길이 18cm
번　식　알려지지 않음

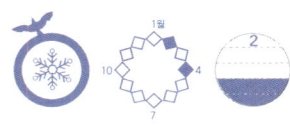

흔하지 않은 겨울새로, 해마다 우리나라를 찾아오는 수가 일정하지 않다. 같은 여새과의 황여새와 함께 머리에 달려있는 뚜렷한 깃이 특징이다. 배 중앙은 흐린 노란색을 띤다. 짧은 꽁지의 끝이 붉은색이면 홍여새, 선명한 노란색이면 황여새이다. 또 홍여새는 검은색 눈선이 머리깃의 끝까지 뚜렷하게 연속되고, 황여새는 검은 눈선이 눈 뒤쪽에서 가늘어진다. 울음소리가 작은 벌레 소리 같아 소리로는 찾기가 어렵다. 나무 열매를 주로 먹는다.

관찰 시기와 장소 동궐에서는 해마다 한 번 정도 관찰되는데, 매번 같은 무리가 지나가는 것이 아닌가 싶다. 2003년 2월 홍여새가 황여새와 함께 15마리 정도가 무리를 이루어 창경궁 남서쪽 황벽나무 열매 먹는 모습을, 그리고 2004년 2월 8~9마리가 창경궁 춘당지 남쪽에서 향나무 열매 먹는 모습을 관찰하였다. 2004년 이후로는 동궐에 머물지 않고 지나가기 때문에 관찰이 쉽지 않은데, 2006년 창덕궁에서 이동 중인 새 8마리를 관찰할 수 있었다.

●○ 2006. 04. 창덕궁 함양문 북동쪽 꽁지 끝이 붉은 홍여새
○● 2004. 02. 창경궁 춘당지 남쪽 향나무 열매를 먹는 홍여새 무리

상모솔새 Goldcrest

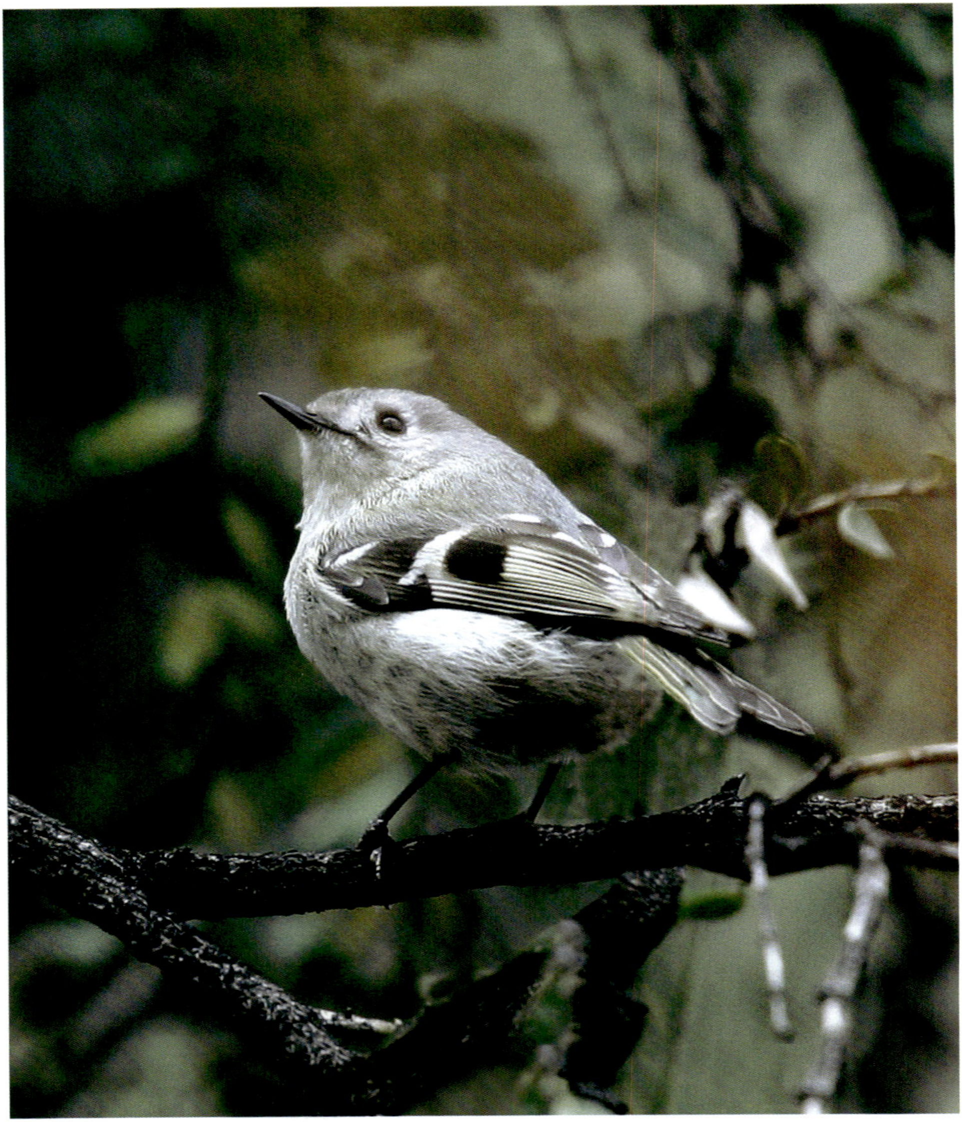

참새목 휘파람새과
몸길이 9cm
번　식 4~6월

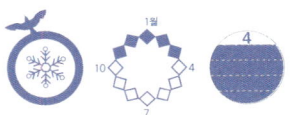

우리나라 전역에서 월동하는 흔한 겨울새이다. 몸의 윗면은 회색이 도는 연두색이고, 날개에는 흰 띠가 있다. 암수 모두 머리 중앙선은 노란색인데, 수컷은 노란색 가운데에 붉은 반점이 있어 암컷과 구별된다.

낙엽이 지기 전에는 갈참나무 등에서 작은 곤충을 잡아먹고, 한겨울에는 솔방울에서 씨앗을 빼먹는다. 금속성의 예리한 소리를 가늘고 약하게 낸다.

관찰 시기와 장소 동궐에서 흔히 볼 수 있는 작고 귀여운 겨울새이다. 동궐에서 월동하며 초겨울에는 창경궁 춘당지 주변에서, 한겨울에는 창경궁 관천대 주변 소나무에서 볼 수 있다. 창덕궁 신선원전 구역과 낙선재 남쪽 정원에서도 볼 수 있으나, 몸집이 작은 데다 끊임없이 움직여 관찰하기가 쉽지 않다.

●○○ 2004. 04. 창경궁 소춘당지 북쪽   회양목에 앉아 있는 수컷
○●○ 2004. 04. 창경궁 소춘당지 북쪽   노란색의 머리 중앙선 가운데 붉은 반점이 있는 수컷
○○● 2008. 01. 창경궁 춘당지 남쪽 옥천   목욕하려는 암컷. 노란색의 머리 중앙선에 붉은 반점이 없다.

쇠동고비 Chinese Nuthatch

참새목 동고비과
몸길이 12cm
번 식 알려지지 않음

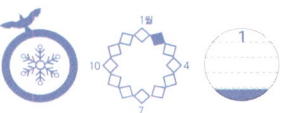

백두산과 평양 시내(동물원 내 인공 새집)에서 번식하는 여름새이고 중부 이남에서 월동하는 희귀한 겨울새이다. 등은 어두운 회색이고 몸의 아랫면은 탁한 분홍색이다. 머리 꼭대기와 눈선이 검은색이며, 눈썹선은 흰색으로 뚜렷하다. 암컷은 머리의 검은색이 수컷보다 더 옅고, 눈선도 뚜렷하지 않다. 나무에 구멍을 파고 둥지를 틀지만 딱따구리의 옛 둥지를 이용하기도 한다.

관찰 시기와 장소 2003년 2월 10일 창경궁 춘당지 남쪽 500년 된 느티나무에서 한 쌍을 관찰하였다. 수컷이 들어가 있던 구멍은 느티나무를 보호하기 위해 덧붙인 인공 구조물이었다. 동궐에서 단 한 번 관찰했을 뿐이라 관찰 시기와 장소를 예측하기 어렵다.

●○○○ **2003. 02. 창경궁 춘당지 남쪽 느티나무** 구멍 속에 있는 수컷과 위쪽의 암컷
○●●● **2003. 02. 창경궁 춘당지 남쪽 느티나무** 머리 꼭대기가 검고 흰 눈썹선이 뚜렷한 수컷

흰머리오목눈이 Long-tailed Tit

참새목 오목눈이과
몸길이 14cm
번　식　4~6월

우리나라에는 흔하지 않은 겨울새이다. 텃새인 오목눈이는 검은 눈썹선이 있지만, 흰머리오목눈이는 눈썹선이 없고 머리 전체가 흰색이다. 곤충이 주식이지만 곤충이 없는 겨울에는 식물성 먹이를 먹고, 이른 봄에는 단풍나무 수액을 먹기도 한다.

관찰 시기와 장소 2003년 2월과 11월에 창경궁 춘당지 남동쪽과 관덕산 그리고 창덕궁 낙선재 남쪽 정원에서 텃새인 오목눈이와 함께 무리를 지어 다니는 것을 관찰하였다. 그 이후로는 한동안 관찰되지 않다가 2007년 10월 하순부터 2008년 2월까지 3~4마리가 겨울을 나는 것을 관찰하였다. 불규칙하게 관찰되어 시기와 장소를 예측하기가 어렵다. 하지만 텃새인 오목눈이와 곧잘 무리를 이루므로, 겨울철 오목눈이가 자주 관찰되는 창경궁 관덕산과 춘당지 남동쪽 옥천 그리고 창덕궁 낙선재 남쪽 정원 등에서 관찰할 수 있을 것으로 생각된다.

●○○ **2007. 11. 창경궁 통명전 북서쪽** 머리가 하얀 흰머리오목눈이
○●● **2007. 10. 창경궁 춘당지 남동쪽** 입 벌린 모습과 앞모습

♂ 2008. 02. 창덕궁 서북쪽 길   겨울에 고드름 녹은 물을 먹고 있다
♀ 2008. 02. 창덕궁 서북쪽 길   단풍나무 수액을 먹는 흰머리오목눈이

- 2008. 01. 창덕궁 낙선재 남쪽   눈을 먹고 있는 흰머리오목눈이 무리
- 2008. 02. 창덕궁 서북쪽 길   깃털을 다듬고 있다.

쇠오리 Common Teal

기러기목 오리과
몸길이 38cm
번　식　4~6월

흔한 겨울새로 오리과 중에서 몸집이 가장 작다. 수컷은 머리가 적갈색이고 눈부터 뒷목까지가 암녹색이다. 암컷은 머리 위가 흑갈색이고 뺨은 밝은 갈색이며 몸은 전체적으로 얼룩진 갈색이다. 번식기가 지난 후 수컷의 변환깃은 암컷과 같아진다. 수컷은 높은 음으로 울고, 암컷은 낮게 '꽉꽉' 거린다. 먹이로는 열매나 잎, 작은 연체동물 등을 좋아한다.

관찰 시기와 장소 동궐에서는 창경궁 춘당지와 창덕궁 관람지에서 드물게 쉬어간다. 춘당지가 비교적 넓고, 원앙과 청둥오리들이 수면에 있는 것을 보고 안심하여 1~2일 정도 머무는 것 같다. 사람들을 무척 경계한다. 4월과 9월 이동 시기에 창경궁 춘당지와 창덕궁 존덕정 북쪽 연못에서 관찰한 적이 있으며, 2006년 9월 창경궁 춘당지에서 변환깃을 한 10여 마리를 관찰하였다. 4월과 9월 이동 시기에 관찰한 수컷의 깃털색이 각각 다른 것으로 미루어, 월동지에서 깃털갈이를 하는 것으로 보인다.

● ○ 2006. 04. 창경궁 춘당지 머리가 흑갈색인 암컷
○ ● 2005. 04. 창덕궁 존덕정 북쪽 연못 머리가 적갈색인 수컷

♂ **2006. 09. 창경궁 춘당지** 하늘을 나는 쇠오리 무리. 나는 속도가 빠르다.
♀ **2006. 09. 창경궁 춘당지** 변환깃으로 보이는 쇠오리들

● 2006. 09. 창경궁 춘당지   날아오르는 쇠오리
○ 2006. 09. 창경궁 춘당지   물기를 털어내는 모습

큰기러기 Bean Goose

기러기목 오리과
몸길이 85cm
번　식 5~7월

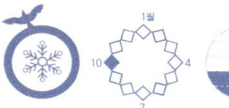

우리나라에 찾아오는 기러기류 가운데 쇠기러기 다음으로 흔한 겨울새이다. 기러기류는 보통 회색인데 비해 큰기러기는 머리, 등과 허리가 어두운 갈색이다. 배는 연한 회갈색이고, 부리는 검은색이며 끝 부분에 노란색 띠가 있는 것이 특징이다. 낮고 탁한 소리로 운다. 먹이로는 풀잎이나 낟알, 열매 등을 먹는 초식성이다. 환경부 지정 멸종 위기 II급 보호종이다.

관찰 시기와 장소 동궐에서는 거의 보이지 않아 관찰 시기를 예상할 수 없다. 2004년 10월 12일 저녁 창경궁 춘당지에서 처음 보았고, 이튿날 명정전 남동쪽 풀밭에서 풀뿌리를 먹는 것을 관찰하였다. 가까이 다가가도 별로 경계하지 않아 편안하게 촬영할 수 있었다. 이틀 후에는 경복궁 내 국립민속박물관 입구 장승 근처 잔디밭에서 만나 또다시 촬영하였다. 아마도 이동하는 무리에서 낙오한 것으로 보인다.

●●○ **2004. 10. 창경궁 명정전 남동쪽** 앞모습과 옆모습
○○● **2004. 10. 창경궁 춘당지** 춘당지에서 쉬고 있는 큰기러기

논병아리 Little Grebe

논병아리목 논병아리과
몸길이 26cm
번 식 5~7월

흔한 겨울새이자 텃새이다. 우리나라에는 검은목논병아리, 귀뿔논병아리, 큰논병아리, 뿔논병아리 등의 논병아리류가 사는데 그 중에서 논병아리가 몸집이 가장 작다. 사람들을 많이 경계하여 위협을 느끼면 물속으로 잠수하여 달아난다. 오리류와 같은 물갈퀴는 없지만 발가락 마디의 좌우에 판족瓣足이라는 조직이 붙어 있어 수영을 할 수 있는 잠수성 조류이다.

몸은 둥글고 꽁지는 매우 짧아 잘 보이지 않는다. 다른 새에 비해 다리가 몸통 뒤쪽에 있어 물속에 살기 적합하기 때문에 땅에 오르거나 하늘을 나는 것은 그다지 좋아하지 않는다. 암수의 여름깃은 뺨에서 목까지 적갈색이고 부리 옆에 노란색 반점이 있으며, 겨울깃은 머리와 등이 암갈색이다. 잠수하는 특성 때문에 '잠수의 명인'으로 불리며, 잠수해서 물고기, 수생곤충 등을 잘 잡아먹는다.

관찰 시기와 장소 동궐에서는 드물게 관찰된다. 2006년 9월 하순 창경궁 춘당지에서 1마리가 3일 정도 머물렀다. 몸집이 작아서 춘당지 섬 석축에 가까이 붙어 있으면 잘 보이지 않는다.

관찰 요령 원앙들 속에 섞여 있어도 물속으로 잠수하는 습성 때문에 논병아리를 쉽게 구분할 수 있다.

●○○○ 2006. 11. 창경궁 춘당지 머리와 등이 암갈색인 겨울깃
○●●● 2006. 09. 창경궁 춘당지 뺨에서 목까지 적갈색을 띠는 여름깃

유리딱새 Red-flanked Bluetail

참새목 지빠귀과
몸길이 14cm
번 식 5~7월

우리나라를 봄과 가을에 걸쳐 통과하는 흔한 나그네새이자, 남부 지방에서는 드물지 않게 월동하는 겨울새이다. 수컷은 몸 윗면과 꽁지가 선명한 파란색이고, 흰색의 눈썹선이 이마까지 뻗어 있다. 턱과 가슴과 배는 흰색이며, 옆구리는 주황색이 선명하다. 암컷은 몸 윗면이 연한 갈색이고, 꽁지는 파란색이며, 눈썹선이 없다. 배와 옆구리는 수컷과 비슷하다. 어린 수컷은 몸 윗면에 회색이 섞여 선명하지 않은 파란빛을 띠고 있다. 먹이로는 주로 거미류나 곤충류를 좋아하고 나무 열매도 먹는다.

관찰 시기와 장소   해마다 10월부터 북상 시기인 4월 초순 사이에 창경궁 관덕산과 춘당지 남쪽에서 암컷 1~2마리가 월동하는 것을 볼 수 있다. 특히 창경궁 관덕산, 춘당지 휴게소 북쪽, 통명전 서쪽에 있는 말채나무에서 자주 관찰했다. 때로는 어린 수컷도 볼 수 있었다. 사람을 별로 두려워하지 않아 가까이 다가오므로 자세히 관찰할 수 있다. 창덕궁 낙선재 남쪽 정원에서 눈을 먹는 모습도 보았다.

●○○ **2006. 12. 창덕궁 낙선재 남쪽 정원**   몸 윗면과 꽁지가 파란색인 수컷
○●○ **2004. 01. 창경궁 온실 북쪽 길**   몸 윗면이 연한 갈색인 암컷
○○● **2005. 02. 창경궁 온실 남동쪽**   꽁지만 파란색인 암컷의 뒷모습

- ♂ 2005. 10. 창경궁 춘당지 남쪽　흰색의 눈썹선이 이마까지 있는 수컷
- ♀ 2007. 01. 창덕궁 신선원전 구역 동쪽　눈썹선이 없는 암컷
- ♂ 2007. 01. 창덕궁 함양문 남동쪽　몸 윗면의 파란색이 덜 선명한 어린 수컷
- ♂ 2005. 10. 창경궁 관덕산　말채나무 열매를 먹는 어린 수컷

● **2005. 11. 창경궁 통명전 서쪽 말채나무** 유리딱새 암컷(왼쪽 아래)과 딱새 암컷. 딱새는 꽁지가 주황색이라 꽁지가 파란색인 유리딱새와 구별된다.

울새 Rufous-tailed Robin

참새목 지빠귀과
몸길이 14cm
번　식 6~7월

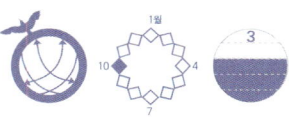

봄가을에 우리나라를 드물지 않게 지나가는 나그네새이다. 소설《비밀의 화원》에서 주인공 메리가 열쇠를 찾는 데 도움을 주는 새가 바로 울새이다. 박새 정도로 몸집은 작지만 눈이 커서 똘똘해 보인다. 암수 모두 머리와 등, 날개가 연한 녹색을 띤 갈색이며 꽁지는 적갈색이다. 멱과 가슴, 배는 흰색이며 멱과 가슴에 회갈색의 비늘무늬가 있다. 울음소리가 조용하다. 먹이로는 곤충의 유충과 성충 등을 잡아먹는다.

관찰 시기와 장소 해마다 가을철 창경궁 관덕산과 춘당지 남동쪽 옥천에서 드물게 볼 수 있었으며, 창덕궁 낙선재 남쪽 정원에서도 한 차례 보았다. 주로 10월에 관목 주변의 그늘에서 관찰된다.

관찰 요령 인기척을 느끼면 바로 숨어 버려 관찰이 쉽지 않다. 울새를 발견하면 바로 다가가지 말고 조금 물러나 기다리다가 다시 나오면 관찰하는 것이 좋다.

●●○ 2005. 10. 창경궁 과학의 문 북쪽   옆모습과 뒷모습
○○● 2006. 10. 창덕궁 낙선재 남쪽 정원   나뭇가지 위를 걷는 울새

흰눈썹울새 Bluethroat

참새목 지빠귀과
몸길이 15cm
번　식　4~6월

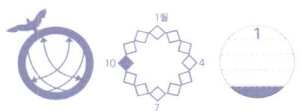

우리나라를 지나가는 희귀한 나그네새이다. 작은 몸집에 멱과 가슴 위쪽은 청색이고 가슴 부위는 검은색·흰색·적갈색의 세 가지 색이 뚜렷한 독특한 모습이다. 북한에서는 '푸른턱울타리새'라는 이름으로 부른다. 울음소리가 아름답고, 먹이로는 매미, 지렁이 등을 잡아먹으며 각종 식물의 열매도 먹는다.

관찰 시기와 장소 동궐에서의 관찰 시기와 장소를 예상하기 어렵다. 2005년 10월 30일 창경궁 소춘당지 북동쪽에서 어린 암컷 1마리를 보았는데, 깃털에 풀씨를 붙인 모양이 성치 않아 보였지만, 잘 날아다녔다.

••• **2005. 10. 창경궁 소춘당지 북동쪽** 깃털에 풀씨가 붙은 어린 암컷

검은지빠귀 Grey Thrush

참새목 지빠귀과
몸길이 21.5cm
번 식 5~7월

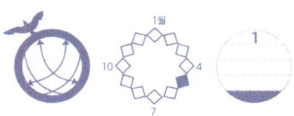

우리나라를 드물게 지나가는 나그네새이다. 머리와 등, 날개에서부터 꽁지까지의 몸 윗면, 그리고 멱이 모두 검은색이다. 배와 가슴은 흰색인데, 갈색 얼룩무늬가 불규칙하게 배치되어 있다. 부리는 밝은 노란색이며, 눈테도 노란색이다. 아침 일찍부터 다양하고 아름다운 소리로 운다. 먹이로는 곤충과 지렁이를 잡아먹으며, 식물의 열매도 먹는다.

관찰 시기와 장소 동궐에서 보기 힘든 나그네새이다. 2007년 5월 22일 창경궁 소춘당지 북쪽에서 암컷 1마리를 한 차례 관찰했을 뿐 관찰 시기와 장소를 예상하기 어렵다.

••• 2007. 05. 창경궁 소춘당지 북쪽   노란 부리가 눈에 띄는 검은지빠귀

솔딱새 Sooty Flycatcher

참새목 딱새과
몸길이 13.5cm
번　식　6~8월

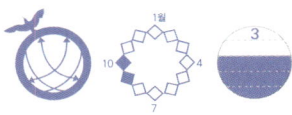

흔하지 않은 나그네새이다. '거무스름한 그을음 빛깔을 지니고 파리를 잡아먹는 새Sooty Flycatcher'라는 영어 이름처럼 아래쪽 배 부분과 흰 눈썹 테두리를 제외하고는 전체적으로 회갈색을 띤다. 또렷한 눈은 큰 편이다. 모기나 하루살이 등 아주 작은 날벌레를 잘 잡아먹는다.

관찰 시기와 장소 초가을인 9월에 창경궁 춘당지와 소춘당지, 그리고 창덕궁 부용지와 애련지, 관람지 등에서 드물게 볼 수 있다. 주로 연못 주변에서 발견되지만 창경궁 관덕산 솔밭에서도 본 적이 있는데, 아마도 그곳이 시야가 트여 있고 연못에서 우화한 하루살이나 모기 등이 바람을 타고 동궐 밖으로 이동하는 통로이기 때문인 것으로 생각된다.

●○○ 2007. 09. 창덕궁 **낙선재 남쪽** 몸이 회갈색인 솔딱새
○●● 2004. 09. 창덕궁 **부용지 휴게소 동쪽** 눈이 크고 또렷하다.

노랑딱새 Mugimaki Flycatcher

참새목 딱새과
몸길이 13cm
번　식 6~7월

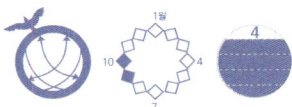

우리나라에 흔한 나그네새이다. 수컷은 머리와 등이 검은색이고 멱과 가슴은 선명한 감귤색이다. 작은 눈썹선은 흰색이며, 날개에는 흰색 띠가 뚜렷하다. 암컷은 눈썹선이 희미하며 머리와 등은 회갈색, 가슴과 배는 옅은 감귤색이다. 밝고 부드러운 소리를 낸다. 먹이로는 주로 곤충을 좋아하며 나무 꼭대기에 앉아 있다가 날아다니는 날벌레를 잡아먹은 뒤 다시 원위치로 되돌아가는 습성이 있다.

관찰 시기와 장소 9월 하순부터 10월 말 사이에 창경궁 춘당지와 소춘당지, 창덕궁 부용지 부근에서 쉽게 볼 수 있다. 2006년 11월 하순에 창경궁 춘당지 휴게소 북쪽에서 말채나무 열매 먹는 모습을 관찰하기도 했다. 동궐에서는 주로 암컷이 관찰되고 수컷은 드물게 관찰되며, 봄철 북상 시기에는 잘 관찰되지 않는다.

●○ 2006. 10. 창경궁 소춘당지　머리와 등이 회갈색인 암컷
○● 2004. 09. 창덕궁 부용지 휴게소　머리와 등이 검은색인 수컷

- 2007. 10. 창덕궁 애련지 서쪽   어린 수컷
- 2007. 10. 창경궁 춘당지 휴게소 북서쪽   말채나무 열매를 물고 있는 어린 수컷
- 2007. 10. 창경궁 춘당지 휴게소 북서쪽   눈썹선이 흰색인 노랑딱새 수컷

모아 보기 날쌘 곤충잡이

딱새류

| 참새목 딱새과 |

영어 이름이 '파리잡이Flycatcher'인 딱새류는 물에서 우화하여 나오는 날벌레들을 잡아먹는다. 주로 나무에서 생활하고 곤충을 주식으로 하지만 열매를 먹는 경우도 있다. 머리는 둥글고 눈이 크며 부리는 작고 납작한 편이다. 부리 주위에 딱딱한 털이 있어 날면서 곤충을 잡을 때 도움이 된다. 매우 다양한 색을 갖고 있으며, 흔히 암컷보다 수컷이 더 화려하고 아름답다.

동굴에서는 노랑딱새를 비롯하여 솔딱새, 큰유리새, 쇠솔딱새, 제비딱새, 흰눈썹황금새 등을 볼 수 있다.

노랑딱새는 가슴 부분이 감귤색, 솔딱새는 전체적으로 회갈색, 큰유리새는 얼굴과 가슴이 검은색이다. 몸집이 작은 쇠솔딱새는 등은 갈색, 배는 흰색이고, 제비딱새는 가슴에 회갈색 줄무늬가 있다. 흰눈썹황금새는 이름 그대로 눈썹은 흰색, 배와 허리 부분은 황금색이다.

힝둥새 Olive-backed Pipit

참새목 할미새과
몸길이 16cm
번 식 5~7월

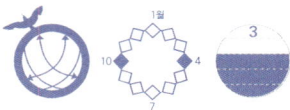

봄가을에 우리나라를 통과하는 흔한 나그네새이다. '올리브색의 등olive-backed'을 가졌다는 영문 이름처럼 등이 녹색을 띤 갈색이며 희미한 검은색 줄무늬가 있다. 가슴과 옆구리는 황갈색이며 검은 줄무늬가 뚜렷하다. 눈썹선은 흰색이며 귀깃에는 흰색 반점이 있다. 풀씨를 찾아 먹으며, 할미새과의 다른 새들처럼 꽁지를 아래위로 흔든다. 사람을 보면 나무 위로 올라가 꽁지를 아래위로 흔들며 경계한다.

관찰 시기와 장소 가을철 창경궁 관덕산 솔밭, 춘당지와 소춘당지 주변, 그리고 창덕궁 신선원전 구역과 북서쪽 길가 등 주로 사람이 없는 한적한 관목 주변이나 숲속에서 관찰된다. 창덕궁 북서쪽 길가에서 4~5마리의 무리를 관찰한 적이 있고 종묘 향대청 북쪽 담장 밖에서도 관찰하였다.

●○○ 2006. 04. 창덕궁 의로전 남쪽 꽁지를 흔드는 힝둥새
○●○ 2005. 04. 창경궁 북동쪽 검은 줄무늬가 뚜렷한 앞모습
○○● 2005. 10. 창경궁 관덕산 옆모습

꼬까참새 Chestnut Bunting

참새목 멧새과
몸길이 14cm
번 식 5~6월

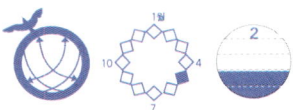

봄가을에 우리나라 흑산도, 연평도, 백령도 등의 섬에서만 흔하게 볼 수 있는 나그네새로, 내륙에서는 보기 드문 새이다. 30여 년 전에는 서해안과 내륙의 조밭을 수백, 수천의 집단이 통과하던 흔한 나그네새였으나, 지금은 내륙에서 관찰하기가 힘들다.

    수컷은 머리와 등이 적갈색, 배는 선명한 노란색이며, 옆구리에 검은색 줄무늬가 있다. 암컷은 머리와 등이 갈색, 배는 연한 노란색에 검은색 줄무늬가 있다. 이름만 들어도 '꼬까옷'을 입은 귀여운 모습이 떠오른다. 맑은 울음소리를 낸다. 먹이로는 풀씨를 비롯하여 벌, 나비, 딱정벌레 등 다양하다.

관찰 시기와 장소 동궐에서는 보기 힘든 나그네새이다. 2006년 5월 창경궁 춘당지 서쪽 숲에서 벌레를 잡아먹는 수컷을 3~4일 동안 관찰하였고, 소춘당지 북동쪽에서 목욕하는 암수를 한 차례 보았을 뿐이어서 관찰 장소를 예상하기는 어렵다.

••○ 2006. 05. 창경궁 소춘당지 북동쪽   머리와 등이 적갈색인 수컷
○○• 2006. 05. 창경궁 소춘당지 북동쪽   연한 갈색에 줄무늬가 있는 암컷

촉새 Black-faced Bunting

참새목 멧새과
몸길이 16cm
번 식 5~7월

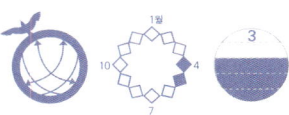

봄가을에 우리나라를 지나가는 흔한 나그네새로, 몸집은 참새보다 약간 크다. 수컷은 머리가 어두운 푸른색을 띤 회색이고 부리 주위는 검은색이며 옆구리에 줄무늬가 있다. 암컷은 머리가 연한 녹색을 띤 회색이고 옅은 눈썹선이 있다. 참새 소리처럼 빠르고 짧게 지저귀기 때문에 쉴 새 없이 떠드는 사람, 말 많은 사람을 촉새에 빗대기도 한다. 그런가 하면 경망스럽게 촐랑거리는 행동을 '까불기는 촉새 같다'고도 한다. 먹이로는 풀씨, 낟알, 곤충의 성충 및 유충 따위를 먹는다.

관찰 시기와 장소 동궐을 지나가는 개체 수가 적고 동궐에 머무르지 않아 관찰하기가 쉽지 않다. 주로 봄철에만 관찰되고 가을철 남하 시기에는 보지 못했다. 2005년 4월 창경궁 춘당지와 소춘당지에서 암수를 관찰하였고, 관덕산 솔밭에서 수컷 1마리를 관찰하였다. 2006년 4월에는 창덕궁 빈청(구 어차고) 남동쪽 숲에서 수컷 1마리를 보았다. 창경궁 소춘당지 연못가에서 풀씨를 찾아 먹는 촉새를 관찰한 적도 있지만, 2006년 춘당지 정비 공사로 주변 관목이 제거되고 소춘당지 북동쪽에 시설물이 설치되는 바람에 그 후로는 소춘당지 주변에서 새들을 보기 어려워졌다. 2007년에는 창경궁 경춘전 북서쪽 화계에서 관찰한 적이 있다.

●○○ 2006. 04. 창덕궁 남동쪽 숲 촉새 수컷
○●○ 2005. 04. 창경궁 소춘당지 북동쪽 암컷의 뒷모습
○○● 2005. 04. 창경궁 관덕산 솔밭 수컷의 옆모습

노랑눈썹멧새 Yellow-browed Bunting

참새목 멧새과
몸길이 14cm
번 식 알려지지 않음

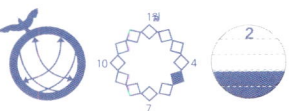

우리나라를 통과하는 드문 나그네새이다. 같은 나그네새인 흰배멧새와 생김새가 비슷하지만 노란색 눈썹선이 뒷목까지 길게 이어져 있어 뚜렷이 구별된다. 수컷은 머리가 검고 흰색의 머리 중앙선이 있으며, 몸의 윗면은 갈색, 배는 흰색이고 멱과 옆구리, 가슴에 갈색 세로무늬가 있다. 암컷은 수컷과 비슷하나 머리 부분이 갈색이고 머리 중앙선도 분명하지 않다. 식물의 작은 열매를 좋아하고 맑은 소리로 운다.

관찰 시기와 장소 동궐에서 보기 힘든 나그네새로, 관찰 시기와 장소를 예상하기 어렵다. 2007년 5월 8일 창경궁 소춘당지 북쪽에서 암수를, 5월 10일 춘당지 북쪽에서 수컷 1마리를 관찰하였다.

●○○ **2007. 05. 창경궁 춘당지 북쪽** 노란색 눈썹선이 선명한 노랑눈썹멧새 수컷
○●○ **2007. 05. 창경궁 소춘당지 북쪽** 수컷보다 색이 연한 암컷
○○● **2007. 05. 창경궁 춘당지 북쪽** 흰색의 머리 중앙선이 있는 수컷

노랑눈썹솔새 Yellow-browed Warbler

참새목 휘파람새과
몸길이 10.5cm
번　식　6~7월

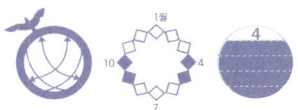

흔한 나그네새이다. 몸의 윗면은 황록색이고 배는 흰색이며 눈썹선은 옅은 노란색이 섞인 흰색이다. 날개에 두 줄의 흰색 띠가 뚜렷하게 보이며, 야외에서 보면 가장 작은 새로 느껴질 정도로 몸집이 작고 울음소리도 가냘프다. 활엽수의 높은 가지 사이로 이동하며 잎 뒷면에 있는 작은 벌레를 잡아먹는다.

관찰 시기와 장소 봄가을에 동궐과 종묘 전 지역을 지나가는 흔한 나그네새이다. 몸집이 작은데다 키가 큰 활엽수 그늘을 빠르게 돌아다니기 때문에 관찰하기가 쉽지 않다. 그래도 창경궁 춘당지 휴게소 주변에 있는 활엽수의 나뭇잎이 반쯤 떨어진 가을철, 햇빛이 나뭇가지 사이로 들어오는 시기에 관찰할 수 있다.

●○○ 2006. 10. **창덕궁 연경당 북동쪽** 눈썹선이 옅은 노란색이다.
○●○ 2006. 09. **창덕궁 농산정 북동쪽** 주로 높은 나뭇가지 위에 머문다.
○○● 2007. 10. **창경궁 춘당지 휴게소 북동쪽** 말채나무 열매 위에 앉으려는 노랑눈썹솔새

쇠솔새 Arctic Warbler · 되솔새 Pale-legged Willow Warbler

참새목 휘파람새과
몸길이 12~13cm
번 식 6월

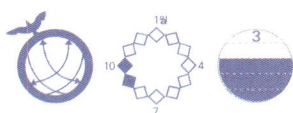

쇠솔새는 흔한 나그네새이다. 몸집이 작은 새로 몸의 윗면은 갈색을 띤 녹색, 배는 노란색을 띤 백색이고 옅은 노란색의 눈썹선은 길고 뚜렷하다. 날개에 1개의 줄이 있지만 뚜렷하지는 않다. 나뭇잎 뒤에 숨어 있는 작은 벌레를 잡아먹으며 부지런히 움직인다. 짧게 끊어 반복하는 울음소리로 쇠솔새를 찾기는 쉬운 편이나, 나무 아래쪽으로 잘 내려오지 않고 주로 나무 위쪽에서만 빠르게 옮겨 다녀 관찰이 쉽지 않다.

되솔새는 흔하지 않은 나그네새이다. 몸의 윗면은 녹색을 띤 갈색으로 다른 솔새류에 비하여 어두운 편이고 눈썹선은 흰색이며 날개의 흰색 줄은 뚜렷하지 않다. 주로 곤충을 잡아 먹고 쇠솔새와 마찬가지로 숲속의 어두운 장소를 좋아해 나무 아래쪽 밝은 곳으로는 잘 내려오지 않는다.

관찰 시기와 장소 쇠솔새와 되솔새는 봄가을에 동궐과 종묘 전 지역을 지나가는 나그네새이다. 나무 위로만 이동하여 관찰하기 어렵지만, 창경궁 춘당지 휴게소의 나무들은 비교적 높이가 낮아 낙엽이 지기 시작하면 솔새류를 관찰하기에 유리하다.

◉○○ 2006. 09. 창덕궁 능허정 북동쪽   나무 위로만 다니는 몸집이 작은 쇠솔새
○◉○ 2005. 10. 창경궁 춘당지 휴게소   몸의 윗면이 다소 어두운 편인 되솔새
○○◉ 2006. 09. 창덕궁 능허정 북동쪽   쇠솔새
○○◉ 2005. 10. 창경궁 춘당지 휴게소   되솔새

흰눈썹긴발톱할미새 Yellow Wagtail

참새목 할미새과
몸길이 17cm
번　식　5~7월

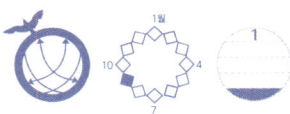

우리나라에서 흔히 볼 수 없는 나그네새이다. 눈썹선이 노란색인 긴발톱할미새의 아종으로 긴발톱할미새와 닮았으나, 눈썹선이 흰색인 점이 다르다. 다리는 검은색으로, 다리가 분홍색인 노랑할미새와 구별된다. 몸매가 날씬하고 머리가 회색을 띠며 등은 녹색빛을 띤 황갈색이다. 겨울깃은 배 아랫부분만 연한 노란색을 띤다. 주로 곤충류를 잡아먹는다.

관찰 시기와 장소 동궐에서 흔하지 않은 나그네새로 관찰 시기와 장소를 예상할 수 없다. 2004년 9월 하순 창경궁 문정전 서쪽 풀밭에서 왼쪽 날개가 처져 있는 새를 한 차례 관찰하였다.

••• 2004. 09. 창경궁 문정전 서쪽 흰색 눈썹선이 있는 흰눈썹긴발톱할미새

은빛찌르레기 Silky Starling

참새목 찌르레기과
몸길이 18~22cm
번 식 알려지지 않음

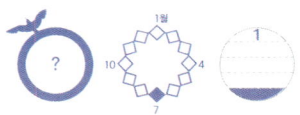

기상 이변이나 난기류 또는 기타 여러 이유로 무리에서 떨어져 나와 길을 잃고 우리나라에 온 길 잃은 새이다. 2001년 9월 강릉에서 처음 관찰된 이후로, 제주도에서 해마다 관찰되는 것으로 알려져 있다. 머리 부분이 온통 은백색이어서 '은빛머리찌르레기'라고도 부른다. 등과 어깨깃은 붉은빛이 감도는 진한 회색, 날개 끝부분과 꽁지깃은 검은색이며 흰색의 점무늬가 있다. 아랫가슴과 배는 짙은 청회색이고, 부리는 붉고 가늘며 다리는 황적색이다.

관찰 시기와 장소 2006년 7월 11일 창경궁 춘당지 북서쪽 능수버들에서 처음으로 1마리를 관찰하였고, 얼마쯤 뒤 춘당지 남동쪽 향나무에 앉아 있는 것을 다시 관찰할 수 있었다. 창경궁 춘당지 주변에서 하루 동안 세 차례 보았을 뿐이라서 관찰 시기를 예상하기 어렵다.

••• **2006. 07. 창경궁 춘당지 남동쪽** 길을 잃어 창경궁으로 날아온 은빛찌르레기

깊고 그윽한
구중궁궐에 날아든
새를 찾아,

창덕궁을 돌아보다

창덕궁
昌德宮

쇠딱따구리 Japanese Pygmy Woodpecker

딱따구리목 딱따구리과
몸길이 15cm
번 식 5~6월

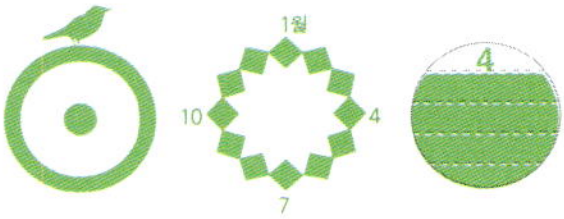

우리나라 전역에서 번식하는 흔한 텃새이다. 몸집은 참새보다 조금 큰 정도로 우리나라에서 볼 수 있는 딱따구리류 가운데 가장 작아서 '쇠'자가 붙었다. 전체적으로 회갈색이며, 가슴에서 배까지 흑갈색 세로 줄무늬가 있고, 등에는 흰색의 가로 줄무늬가 있다. 수컷의 뒷머리에는 암컷에는 없는 붉은 깃이 조그맣게 있으나 잘 보이지 않아 구분하기가 쉽지 않다.

나무껍질 속에 숨어 있는 곤충이나 곤충 알을 잘 찾아 먹고, 궁궐 담장에 있는 거미를 잡아먹기도 한다. 활엽수림 또는 잡목림 속의 교목 줄기에 구멍을 파고 둥지를 만들며, 5~7개의 알을 낳는다.

관찰 시기와 장소 동궐에서도 흔히 볼 수 있는 붙박이 텃새이다. 해마다 4월이면 2마리씩 짝을 지어 다니고 6월이면 이소한 새끼 2~3마리를 데리고 돌아다니는 무리를 관찰할 수 있었다. 특히 창경궁 관덕산 일대와 온실 북쪽 숲에서 자주 볼 수 있으며 한겨울에는 창경궁 춘당지 휴게소 주변에도 가끔 나타난다. 창덕궁 관람지 주변과 북동쪽 공터, 신선원전 구역과 서쪽 솔밭에서도 자주 볼 수 있다. 2005년 5월에는 창덕궁 옥류천 동쪽 단풍나무에서 둥지를 발견했는데, 한 쌍 중 1마리는 알을 품고 있고 다른 1마리는 벌레를 잡아다 주었다.

●○○ **2004. 03. 창경궁 관천대 동쪽** 나무껍질 속의 벌레들을 잡아먹는다.
○●○ **2004. 02. 창경궁 영춘헌 북동쪽** 머리 뒤쪽에 붉은 깃이 보이는 수컷
○○● **2005. 03. 창경궁 온실 북서쪽** 수컷. 머리에 붉은 깃이 보인다.

- ● ○ **2006. 03. 창경궁 관덕산**　가슴에서 배까지 흑갈색 세로 줄무늬가 있는 쇠딱따구리
- ○ ● **2005. 05. 02. 창덕궁 옥류천 동쪽**　단풍나무에 튼 둥지 구멍으로 얼굴을 내밀고 있다.
  - 2005. 05. 04.　　　　　　　　수컷이 구멍을 넓히고 있는 모습. 얼굴과 나무 색이 비슷하여 자세히 보아야 구별된다.
  - 2005. 05. 09.　　　　　　　　새끼의 배설물을 버리려고 물고 나온 어미새
  - 2005. 05. 11.　　　　　　　　벌레를 물고 온 어미새
  - 2005. 05. 20.　　　　　　　　둥지 구멍으로 보이는 새끼
  - 2005. 05. 23.　　　　　　　　새끼들이 번갈아 얼굴을 내밀며 먹이를 달라고 어미를 부르고 있다.
  - 2005. 05. 25.　　　　　　　　부지런히 새끼에게 벌레를 잡아다 먹이는 어미새

아물쇠딱따구리 Grey-capped Woodpecker

딱따구리목 딱따구리과
몸길이 20cm
번 식 알려지지 않음

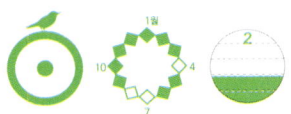

자연환경이 잘 보존된 지리산이나 경기도 광릉 등지에서 살며 딱따구리류 가운데에서도 매우 희귀한 축에 드는 텃새이다. 전국적으로 수가 줄어 보기 힘들고 번식과 생태에 관한 자료가 별로 없다. 쇠딱따구리와 비슷하게 생겼지만, 쇠딱따구리보다 조금 더 크고, 등 한가운데에 큰 흰색 무늬가 뚜렷하여 구분할 수 있다. 가슴과 배에는 검은색의 가는 세로 줄무늬가 있다. 먹이로는 각종 곤충의 성충과 유충을 잡아먹는다.

관찰 시기와 장소 동궐의 붙박이 텃새로, 겨울철에 창경궁 온실 북서쪽에서 창덕궁 관람지에 이르는 숲에서 자주 관찰하였다. 2005년 2월 초에 암수로 보이는 한 쌍을 관찰하였으나 번식을 확인하지 못하였고, 같은 해 6월 초 창덕궁 능허정 북쪽에서 새끼로 보이는 어린새 2마리와 함께 있는 모습을 보았으나 아쉽게도 촬영하지 못했다. 2002년 12월 종묘에서 처음 사진에 담은 뒤 해마다 관찰하였는데, 2006년 3월 초 창경궁 관덕정 북동쪽 숲에서 관찰한 것을 끝으로 2009년 현재까지 3년 넘게 보이지 않고 있다.

● ○ ○ **2005. 02. 창덕궁 북동쪽 공터** 희귀한 새 아물쇠딱따구리
○ ● ○ **2005. 02. 창덕궁 북동쪽 공터** 가슴과 배에 가는 세로 줄무늬가 보인다.
○ ○ ● **2004. 02. 창경궁 온실 북서쪽** 등에 있는 큰 흰색 반점이 특징이다.

오색딱따구리 Great Spotted Woodpecker

딱따구리목 딱따구리과
몸길이 24cm
번　식　4~7월

흔한 텃새로, 다섯 가지 색깔로 몸을 치장했다고 해서 이름이 오색딱따구리이다. 흰색, 검은색, 진홍색이 조화를 이룬 아름다운 몸빛이 특징이며, 이마와 눈 주위, 멱, 가슴에 연한 갈색이 있고, 부리와 다리는 회색빛이다. 등에는 V자 모양의 하얀 반점이 있다. 암수의 생김새는 크게 차이가 없으나 뒷머리 색에 따라 구별할 수 있는데, 뒷머리가 진홍색이면 수컷, 검은색이면 암컷이다. 어린새는 암수 모두 머리 꼭대기 전체가 진홍색이다.

봄철에는 수컷이 암컷을 부르기 위해 속이 빈 나무를 두드려 소리를 내며, 새끼를 기를 때는 주로 수컷이 벌레를 잡아 오고 암컷이 주변을 경계한다. 경계할 때에는 곧잘 머리를 좌우로 흔들면서 높은 소리로 격렬하게 운다. 가을에는 감을 즐겨 먹고, 겨울에는 나무를 쪼아 벌레 구멍을 찾은 다음 긴 혀를 이용하여 벌레를 잡아먹는다.

관찰 시기와 장소 동궐의 붙박이 텃새로, 창경궁 관덕산 솔밭 부근과 온실 북서쪽에서 자주 볼 수 있다. 창덕궁 관람지에서 옥류천으로 올라가는 길 양쪽 나무에서 구멍을 많이 볼 수 있는데 여러 종류의 딱따구리가 번식했던 흔적이다. 2005년에는 창덕궁 신선원전 동쪽 길, 존덕정 북쪽 길, 능허정 남쪽 숲에서 3쌍의 번식을 관찰하였다. 2007년 2월에는 살구 씨 먹는 것을, 8월에는 층층나무 열매 먹는 모습을 관찰하였다.

●○○ **2007. 01. 창덕궁 낙선재 남쪽 정원** 뒷머리가 진홍색인 수컷
○●○ **2007. 10. 창경궁 관덕산 솔밭** 뒷머리가 검은색인 암컷
○○● **2006. 02. 창덕궁 다래나무 남서쪽** 죽은 나무에서 벌레를 찾는 암컷

오색딱따구리 가족의 수난 2005년 6월 창덕궁 존덕정에서 옥류천으로 가는 길가 근처에서 먹이를 조르는 새끼들의 작은 소리를 듣고 둥지를 발견했다. 처음에는 촬영이 거슬렸는지 암컷이 둥지에서 떨어진 곳에서 소리를 내며 경계하고, 수컷도 선뜻 둥지로 들어가지 않아 길 건너편으로 옮겨 촬영하였다. 며칠 뒤 촬영에 익숙해져 경계를 풀었는가 싶었는데 갑자기 공격적으로 날아와 배설물을 뿌리는 기이한 행동을 하여, 둥지 주변을 살펴보았더니 둥지 속 새끼들의 소리가 가냘프게 들렸고, 사흘 뒤에는 아무 소리도 나지 않고 어미새도 보이지 않았다. 살충제 때문인가 싶어, 관리 직원에게 길에서 가까운 새 둥지의 위치를 알려주고, 이소할 때까지 차량을 이용한 기계식 살충제 살포를 자제해 달라고 부탁하였다. 비슷한 시기 창덕궁 솔밭의 북쪽 길에서도 길가의 둥지에서 너무 일찍 이소하여 잘 날지 못하고 길 위에 있는 어린새를 발견하였다.

••• **2005. 06. 창덕궁 솔밭 북쪽 길** 잘 날지 못하는 어린새가 길가에 있어 숲으로 옮겨 주었더니 나무 위로 기어 올라갔다. 어린새는 머리 위쪽 전체가 진홍색이다.

♂ 2007. 02. 창경궁 야생화 단지 동쪽　인공 새집을 울림통처럼 두드려 암컷을 부르는 수컷
♀ 2006. 04. 창덕궁 신선원전 북동쪽　다정한 암수 한 쌍

♀ 2005. 12. 창덕궁 상량정 남서쪽 　감을 먹고 있는 암컷
♂ 2005. 05. 창덕궁 존덕정 북쪽길 　새끼를 키울 때 먹이는 주로 수컷이 잡아온다.

큰오색딱따구리 White-backed Woodpecker

딱따구리목 딱따구리과
몸길이 28cm
번　식　4~7월

흔하지 않은 텃새이다. 전체적으로 흰색, 검은색, 진홍색이 아름답게 조화를 이룬 모습이 오색딱따구리와 매우 비슷하다. 다만 몸집이 오색딱따구리보다 크고, 암수 모두 가슴에 검은색 세로 줄무늬가 있어 쉽게 구별된다. 또한 오색딱따구리 등 뒤에 있는 하얀 V자 모양의 반점이 없는 것으로도 구별할 수 있다. 수컷은 머리 전체가 진홍색, 암컷은 검은색이다. 단단한 꽁지와 발톱을 사용하여 나무줄기를 타고 오르내린다. 부리로 나무를 두드려 나무줄기 속에 있는 벌레를 찾아낸 다음 구멍을 뚫어 잡아먹으므로, 숲에 이로운 새이다.

관찰 시기와 장소 동궐의 떠돌이 텃새로, 10월부터 3월 초 사이에 동궐에서 드물게 볼 수 있다. 매년 창덕궁 관람지 주변에서 2~3마리를 관찰하였으며, 가정당 북쪽 숲, 옥류천에서도 관찰하였다. 창경궁 관덕산과 온실 북쪽 숲에서도 드물게 볼 수 있다

●○○ **2005. 02. 창덕궁 취한정 남쪽**　머리가 진홍색인 수컷
○●○ **2004. 02. 창경궁 과학의 문 서쪽**　머리가 검은색인 암컷
○○● **2005. 12. 창경궁 관덕산**　암컷의 뒷모습

🔸 2007. 11. 창덕궁 관람지 서쪽   날아가려는 큰오색딱따구리 수컷
🔸 2008. 03. 창덕궁 서쪽 솔밭   벌레를 잡으려 구멍을 뚫는 수컷

모아 보기 나무 의사

딱따구리

| 딱따구리목 딱따구리과 |

청딱따구리   아물쇠딱따구리

딱따구리는 자신의 위치와 존재를 동료에게 알리거나 짝을 찾기 위해 나무를 두드려 소리를 낸다. 이를 '드러밍Drumming'이라고 하는데, 먹이를 찾거나 둥지를 만들 때 내는 소리와는 다르다. 이러한 특성 때문에 '탁목조啄木鳥'라 불려 왔다. 튼튼한 발과 날카로운 발톱, 딱딱한 꽁지깃이 있어서 나무줄기를 타고 오르내리며, 곧고 단단한 부리로 나무를 두드려서 벌레를 찾는다. 벌레가 있는 곳은 속이 비어 있기 때문에 소리가 다르다는 점을 이용하는 것이다. 길고 가는 혀는 숨어 있는 벌레를 잡아먹기에 유리하다. 대부분 수컷의 머리꼭대기는 붉다. 나무에 구멍을 파는 딱따구리를 해로운 새로 생각할지도 모르지만, 딱따구리는 이미 곤충들이 고 벌레를 꺼내 먹기에 오히려 나무의 건강에 도움을 준다. 딱따구리가 구멍을 판 나무는 몇 년쯤 지나면 스스로 구멍을 메우며 건강하게 살아가지만 그렇지 않은 나무는 벌레들 때문에 말라 죽기도 한다.

동궐에서는 까막딱따구리, 청딱따구리, 쇠딱따구리, 아물쇠딱따구리, 오색딱따구리, 큰오색딱따구리 등을 볼 수 있다. 까막딱따구리는 몸 전체가 까맣고 청딱따구리는 잿빛을 띤 녹색이다. 몸집이 작은 쇠딱따구리는 검은 등에 흰색의 가로 줄무늬가 있고, 이와 비슷한 아물쇠딱따구리는 등에 큰 흰색 무늬가 있다. 오색딱따구리와 큰오색딱따구리는 흰색·검은색·진홍색이 조화를 이룬 모습이 비슷한데, 몸집이 좀더 크고 가슴에 검은색 세로 줄무늬가 있으면 큰오색딱따구리이다.

오색딱따구리

쇠딱따구리

까막딱따구리

청딱따구리 Grey-headed Woodpecker

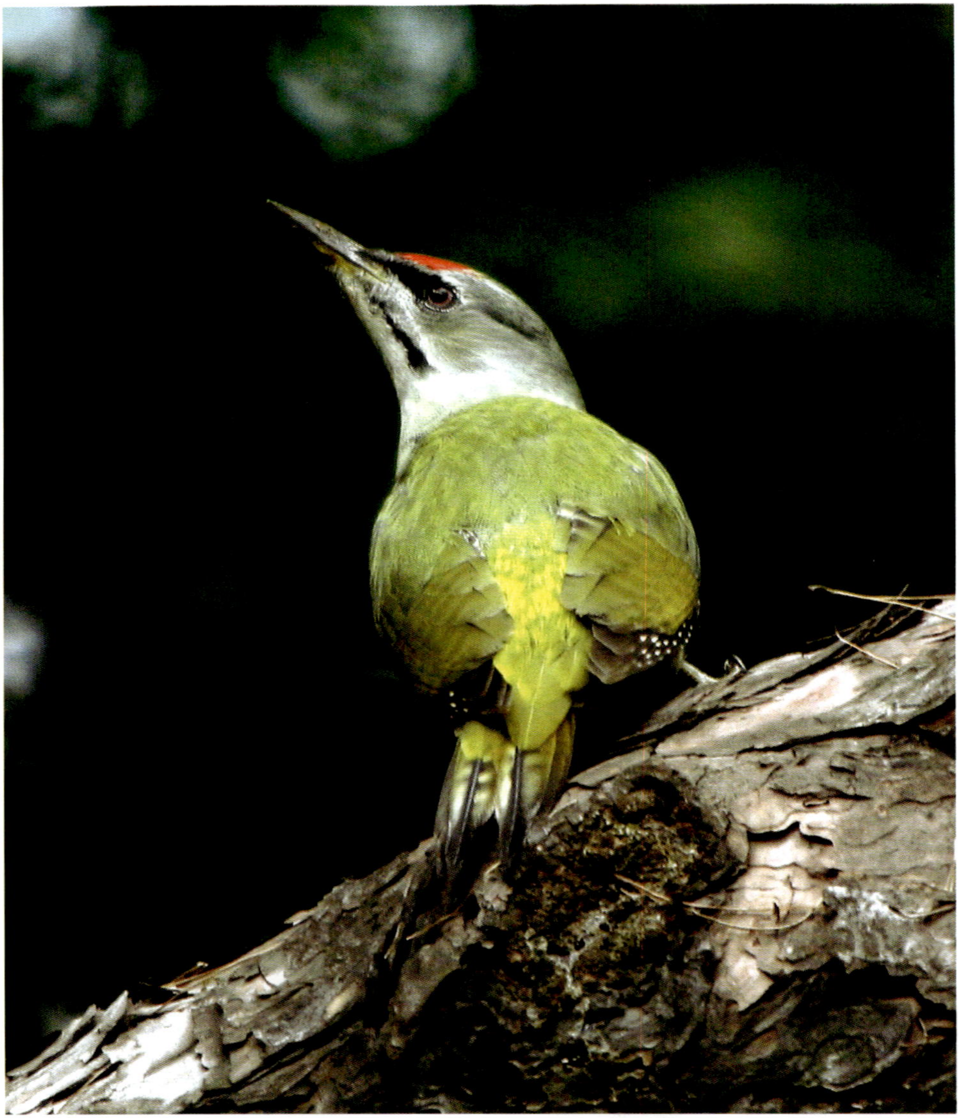

딱따구리목 딱따구리과
몸길이 30cm
번　식　4~7월

흔한 텃새이다. 이름이 '청딱따구리'라고 해서 깃털이 푸른 빛깔은 아니다. 몸집 크기는 멧비둘기만 하며, 전체적으로 잿빛을 띤 녹색이고 머리, 가슴, 배는 흰색에 가까운 잿빛이다. 여느 딱따구리처럼 수컷의 머리 꼭대기에는 붉은색 반점이 있으나 암컷에게는 없다.

나무 속 벌레와 개미를 잘 잡아먹으며, 나무 열매도 잘 먹는다. 8~9월에는 층층나무, 10~11월에는 말채나무와 감나무, 12~1월에는 황벽나무 열매를 먹는 모습을 볼 수 있다. 봄철에는 수컷이 속이 빈 나무를 두드려 큰 소리를 내며 짝을 찾는다.

관찰 시기와 장소 동궐의 붙박이 텃새로, 동궐과 종묘 전 지역에서 자주 볼 수 있다. 사람을 두려워하지 않아서 관람객이 많은 창경궁 춘당지 휴게소 주변 나무에도 나타난다. 겨울철에는 창경궁 관덕산과 온실 북서쪽 황벽나무에서 열매 먹는 것을 쉽게 볼 수 있다. 2004년 종묘 북쪽 길과 2006년 창덕궁 낙선재 남서쪽 숲에서 번식을 확인하였다.

●○○ **2007. 10. 창덕궁 가정당** 머리에 붉은 반점이 있는 수컷
○●○ **2006. 10. 창경궁 관덕산** 머리에 붉은 반점이 없는 암컷
○○● **2005. 07. 창경궁 춘당지 휴게소 남쪽** 깃털갈이 중인 암컷

●○ 2006. 08. 창경궁 온실 북쪽 길 층층나무 열매를 먹는 암컷
○● 2006. 09. 종묘 지당 동쪽 감을 먹고 있는 암컷
♂♂ 2006. 09. 창덕궁 서쪽 솔밭 개미굴에서 개미를 잡아먹는 수컷
♀♀ 2004. 01. 창경궁 춘당지 휴게소 북동쪽 분주히 벌레를 찾고 있는 청딱따구리
♀♀ 2005. 02. 창경궁 관덕정 남쪽 긴 혀로 구멍 속의 벌레를 잡고 있다.

♂ 2004. 05. 종묘 제정 북쪽 길　갈참나무에 구멍을 뚫고 둥지를 튼 암수 한 쌍
♀ 2006. 07. 창덕궁 가정당 동쪽　어린 수컷

까막딱따구리 Black Woodpecker

딱따구리목 딱따구리과
몸길이 45cm
번　식 4~6월

드문 텃새이다. 산림이 울창한 곳에 서식하며 그 수가 드물어 천연기념물 제242호로 지정되어 보호받고 있다. 몸길이는 같은 딱따구리과인 크낙새와 거의 같은 45cm로 딱따구리류 중에서 가장 크다. 몸 전체가 까맣고, 부리는 누런색이다. 수컷은 앞머리에서 뒷머리까지 머리 전체가 빨갛고, 암컷은 뒷머리만 빨갛다. 온몸이 까만 탓에 '오탁목烏啄木', '가막구리' 등으로도 불린다. 번식기에는 억센 부리로 나무를 두드려 산이 울릴 정도로 요란한 소리를 내는데, 몸집이 큰 만큼 딱따구리 가운데에서 소리가 가장 크다. 먹이로는 나무껍질 아래 사는 벌레를 즐겨 먹는다.

관찰 시기와 장소 동궐의 떠돌이 텃새이다. 2006년 2월 5일 창덕궁 능허정 주변에서 암컷 1마리를 발견한 이후 2월 말까지 10여 차례 관찰하였다. 북한산에서 서식하다가 먹이를 찾아 창덕궁 후원까지 내려온 것 같다. 창덕궁 후원은 28년 동안 비공개 지역으로 보존되면서 울창한 숲을 이루었기에 까막딱따구리가 나타난 것으로 보이며, 서울 시내에서는 처음 관찰된 것이 아닐까 싶다. 하지만 2006년 매주 목요일마다 창덕궁 자유 관람이 시행된 이후로는 보이지 않는다. 앞으로는 다시 보기 힘들 것 같아 안타까운 마음이 앞선다.

●○○ **2006. 02. 창덕궁 취규정 남서쪽** 뒷머리가 빨간 암컷
○●○ **2006. 02. 창덕궁 연경당 서쪽 숲** 나무껍질 밑에서 벌레를 찾고 있다.
○○● **2006. 02. 창덕궁 연경당 서쪽 숲** 날아가려는 까막딱따구리

큰부리까마귀 Jungle Crow

참새목 까마귀과
몸길이 57cm
번　식 4~6월

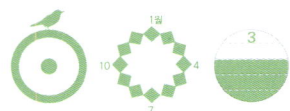

흔한 텃새이다. 암수 모두 온몸이 광택이 강한 검은색이며, 보통의 까마귀보다 부리가 더 크고 우람하다. 이마와 부리의 각도가 까마귀 중에서 가장 급해 직각에 가까울 정도이다. '까마귀 날아가듯as the crow flies'이라는 영어 표현이 있는데, 이는 '일직선으로' '가장 가까운 길로'라는 뜻으로 곁눈질하지 않고 목적한 곳을 향해 직선으로 나는 까마귀의 비행 습관에서 나온 말이다. 새 가운데 지능이 높다고 알려져 있으며, 잡식성으로 잡초, 낟알, 곤충 등 아무것이나 잘 먹고, 먹이를 저장할 줄 아는 영리함까지 갖추었다.

관찰 시기와 장소 동궐의 떠돌이 텃새이다. 가끔 2~4마리가 동궐에 들어오지만 오래 머물지 않고 다시 성북동 쪽으로 날아간다. 몸집은 까치보다 크지만 떼를 지어 달려드는 까치들에게 매번 쫓겨 동궐에서 붙박이 텃새로 살지 못한다. 2006년 5월 말에도 창덕궁 능허정 북쪽 기슭에서 둥지를 틀려다가 파랑새 한 쌍에게 공격을 당하여 도망치는 모습을 볼 수 있었다. 2007년 가을부터 한 쌍의 큰부리까마귀가 자주 관찰되더니 2008년 2월경부터는 창경궁에 부쩍 자주 나타난다. 까치들의 공격도 심하지 않은 것 같아 번식 가능성을 기대하게 한다.

●○○ **2006. 04. 창덕궁 능허정 북동쪽** 온몸이 검은색인 큰부리까마귀
○●○ **2005. 04. 창덕궁 서쪽 솔밭** 부리가 우람하다.
○○● **2006. 04. 창덕궁 능허정 북동쪽** 하늘 높이 나는 모습

- ○ 2008. 02. 창경궁 춘당지 남쪽 오리나무 까치에게 공격받는 큰부리까마귀 한 쌍
- ● 2005. 03. 창경궁 관리소 북쪽 까치에게 공격받는 모습

어치 Jay

참새목 까마귀과
몸길이 35~37cm
번 식 4~6월

흔한 텃새이다. 영어권에서 수다쟁이를 속어로 '어치jay'라고 할 정도로, 어치의 울음소리는 매우 시끄럽다. 간혹 다른 새의 울음소리를 교묘하게 흉내 내기도 한다. 그 요란한 울음소리와 숲에서 낙엽을 헤치며 도토리를 찾을 때 내는 소리로 어치를 발견할 수 있다. 하지만 날 때는 소리를 거의 내지 않는다.

　　머리는 적갈색이며 검은색 세로무늬가 있다. 눈 주위가 검고, 턱을 지나는 턱선이 검은색이다. 날개깃에는 청색과 검은색의 가로무늬가 있으며 날 때 허리와 날개의 흰 점이 뚜렷하게 보인다. 도토리를 아주 좋아하며 겨울을 나기 위해 도토리를 많이 저장한다. 참나무가 많이 자라는 산속에 살아 '산까치'라고도 부른다.

관찰 시기와 장소　동궐의 붙박이 텃새로, 늦가을 도토리가 익으면 동궐과 종묘에서 쉽게 관찰할 수 있다. 창덕궁 신선원전 부근에서 번식한 것으로 보이는 어치 가족을 본 적이 있지만 번식기부터 초가을까지는 대부분 북한산으로 이동하여 거의 눈에 띄지 않는다. 늦가을 북한산에서 10마리 이내의 무리가 동궐로 내려오는 것으로 보인다. 겨울철에는 창덕궁 관람지 주변과 창경궁 관덕산, 종묘 영녕전 북동쪽 숲에서 볼 수 있다. 2005년 10월에는 20마리 이상 되는 무리가 종묘 쪽으로 날아가는 것을 본 적이 있다.

●○○ **2006. 10. 창경궁 소춘당지 자귀나무**　날개깃의 가로무늬가 선명한 어치
○●● **2007. 10. 창경궁 관천대**　날 때 허리와 날개의 흰 점이 잘 보인다.

♂♀ 2003. 12. 창경궁 온실 북동쪽 길   앞모습
♀● 2005. 03. 창덕궁 북동쪽   뒷모습
♂♀ 2004. 07. 창경궁 통명전 남서쪽 층층나무   이소한 어린새

❢ 2005. 10. 창경궁 온실 북동쪽　도토리를 물어 저장하는 어치

붉은머리오목눈이 Vinous-throated Parrotbill

참새목 붉은머리오목눈이과
몸길이 13cm
번 식 4~7월

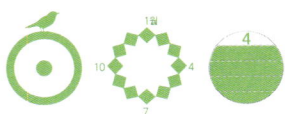

흔한 텃새이다. 흔히 뱁새라고도 한다. '뱁새가 황새를 따라가면 다리가 찢어진다'는 속담도 있듯이 우리에게는 친숙한 흔한 텃새이다. 우리나라와 중국에는 서식하지만 일본에는 서식하지 않는다. 작고 통통한 몸매에 꽁지가 몸길이의 반이나 될 정도로 길다. 몸은 전체적으로 밝은 갈색이며 짧고 두꺼운 부리는 앵무새 부리와 비슷하다. 동작이 재빠르고 움직일 때 긴 꽁지를 좌우로 흔드는 버릇이 있다. 먹이는 주로 곤충과 애벌레, 거미류를 먹고 식물의 씨앗도 먹는다.

관찰 시기와 장소 동궐의 붙박이 텃새로 연중 관찰할 수 있다. 해마다 늦가을에서부터 겨울 사이에 20~30마리가 무리 지어 동궐 안을 돌아다녔는데, 조릿대와 찔레 덤불이 제거된 2006년 이후 무리의 수가 급격히 줄었다. 2007년 1월 창덕궁 낙선재 남쪽 정원에서 20마리 정도의 무리를 관찰하였고 특히 창경궁 온실 북쪽부터 관덕정 남쪽에 이르는 산철쭉 부근에서 자주 볼 수 있다. 번식기인 4~7월에는 더 쉽게 관찰할 수 있으며, 이소 후에도 한동안은 그 주변에서 볼 수 있다.

●○○ **2007. 04. 창덕궁 낙선재 남쪽 정원**　부리가 앵무새와 비슷하다.
○●○ **2006. 10. 창경궁 관덕정 남서쪽**　앞모습
○○● **2005. 11. 창경궁 춘당지 남동쪽**　나뭇가지에 매달린 붉은머리오목눈이

번식과 모성애 까치나 어치와 같은 큰 새들이 드나들기 힘든 조밀한 관목이나 찔레 덤불에 둥지를 틀고 번식한다. 흰색과 푸른색, 두 빛깔의 알을 낳는데, 흰 알을 낳는 암컷은 계속 흰 알을, 푸른 알을 낳는 암컷은 계속 푸른 알을 낳는다. 이렇게 한 종이 서로 다른 색의 알을 낳는 경우는 매우 드물다. 동궐에서는 창덕궁 신선원전 동쪽 구역의 둥지를 비롯한 세 곳에서 각각 푸른색 알 6개를 발견했다. 2005년 6월에는 창경궁에서 조릿대를 베어 내어 둥지 3개가 드러나 안타깝게도 번식에 실패했다. 찔레 덤불도 대부분 제거되어 번식할 만한 장소가 점점 줄어들고 있다.

모성애가 남다른 붉은머리오목눈이는 알을 품는 동안에는 사람의 손이 둥지에 닿을 정도로 가까이 접근할 때까지도 둥지를 떠나지 않는다. 뻐꾸기가 주로 붉은머리오목눈이 둥지에 탁란하는 것도 이러한 지극한 모성애를 잘 알기 때문인지도 모르겠다. 부화한 뻐꾸기 새끼가 붉은머리오목눈이의 알과 새끼들을 둥지 바깥으로 밀어내도, 붉은머리오목눈이는 여전히 뻐꾸기 새끼에게 먹이를 물어다 먹이며 보살핀다.

- **2005. 05. 창덕궁 신선원전 동쪽** 둥지에 푸른 색 알 6개가 있다.
- **2005. 05. 창덕궁 신선원전 동쪽** 어미새가 알을 품어 6개의 알이 모두 부화했다.
- **2006. 05. 창덕궁 신선원전 북동쪽** 새끼들에게 먹이를 나르는 어미새
- **2005. 04. 창덕궁 낙선재 남쪽 정원** 둥지 재료를 물고 있는 붉은머리오목눈이

동고비 Eurasian Nuthatch

참새목 동고비과
몸길이 14cm
번 식 4~6월

우리나라 전역에서 번식하는 흔한 텃새이다. 머리 위와 몸 위쪽은 청회색이고 턱 밑으로 가슴은 흰색, 배는 황갈색을 띤다. 부리에서 목 뒤쪽으로 검은색 눈선이 지나간다. 수컷은 흰색의 눈썹선이 좁고 긴 반면, 암컷은 눈썹선이 선명하지 않다. 짝 짓는 봄에만 아름답게 지저귀고 다른 계절에는 소리를 잘 내지 않는다. 나무 위에서 머리를 아래로 한 채 내려가는 특이한 동작으로 나무껍질 사이에 있는 벌레들을 잡아먹는다. 나무에서 이동할 때 딱따구리는 꽁지를 이용하여 걷는데 이에 비해 동고비는 발가락만 이용한다.

관찰 시기와 장소 동궐의 떠돌이 텃새이다. 봄부터 가을까지는 북한산으로 이동하여 잘 보이지 않다가 늦가을부터 겨울철에 동궐과 종묘에서 볼 수 있다. 종묘의 동쪽과 북쪽 길, 창경궁 관덕산과 온실 북서쪽에서 주로 눈에 띈다. 창덕궁 신선원전 부근의 북서쪽 지역에서는 봄에도 볼 수 있었다. 2006년에는 창덕궁 신선원전 동쪽 길가에서 동고비 한 쌍이 오색딱따구리가 번식했던 나무 구멍을 이용하여 번식하는 것을 관찰하였다.

●○○ 2008. 02. 창덕궁 서북쪽   검은색 눈선이 눈에 띄는 동고비
○●○ 2005. 02. 창덕궁 관람지 남쪽   앞모습
○○● 2004. 12. 창경궁 관덕산 남서쪽   머리를 아래로 한 채 나무를 내려간다.

∴ **2008. 03. 창덕궁 신선원전** 나무껍질 속의 먹이를 찾아 나무줄기 위에서 아래로 내려가는 습성이 있다.

- 2006. 04. 03. 창덕궁 신선원전 구역 동쪽 길   벗나무 구멍을 정비하는 모습
- 2006. 05. 12.   오색딱따구리가 번식했던 나무 구멍을 이용하여 아래쪽에 새로운 구멍을 뚫었다.
- 2006. 05. 17.   새로 뚫은 둥지 구멍으로 나오는 동고비

노랑턱멧새 Yellow-throated Bunting

참새목 멧새과
몸길이 16cm
번 식 5~7월

흔한 텃새이다. 참새와 비슷하여 참새로 혼동하기 쉬운데, 참새목이긴 해도 멧새과의 새이다. 부리 끝이 굵고 날카로워 낱알이나 풀씨를 먹기에 적당하다. 수컷의 경우 머리에 독특하게 세운 검은색 깃이 특징이다. 수컷은 가슴에 검은색 삼각형 무늬가 있으나 암컷에는 없고, 수컷은 멱과 목의 노란색이 암컷의 것보다 더 짙고 선명하다. 이름처럼 노란색 턱과 치켜세운 머리깃 등으로 자태가 우아하다. 가냘프고 짧은 울음소리를 낸다. 먹이로는 식물의 씨앗을 좋아하며 벌레도 잡아먹는다

관찰 시기와 장소 동궐의 떠돌이 텃새이다. 2005년 6월 중순에 동궐에서 번식한 것으로 보이는 무리를 관찰한 적이 있으나, 대부분은 늦가을부터 이듬해 봄까지 동궐에서 지내다가 번식기에 북한산으로 이동한다. 가을부터 봄철까지 5~6마리씩 무리지어 돌아다니며 풀씨를 찾아 먹고, 가끔 나무 위에도 앉는다. 창덕궁 서쪽 솔밭, 신선원전 구내, 관람지 주변, 낙선재 남쪽 정원, 그리고 창경궁 관덕산, 온실 북동쪽, 소춘당지 주변에서 볼 수 있다.

●○○ **2007. 01. 창덕궁 의로전 남동쪽** 가슴에 검은색 삼각형 무늬가 있는 수컷
○●○ **2006. 11. 창경궁 춘당지 남동쪽 옥천** 가슴에 삼각형 무늬가 없는 암컷
○○● **2008. 02. 창경궁 온실 북동쪽** 머리깃을 치켜세운 암컷의 뒷모습

때까치 Bull-headed Shrike

참새목 때까치과
몸길이 20cm
번　식　4~7월

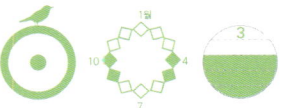

흔하지 않은 텃새이다. 이름에 '까치'가 들어 있지만 우리가 흔히 아는 까치와는 모습이 전혀 다르다. 작은 몸집에 날개에 흰 반점이 있고, 가슴과 배에는 비늘 모양의 무늬가 있으며, 송곳니처럼 생긴 돌기가 윗부리 앞 양쪽에 나 있다. 암수는 눈선의 색으로 구분되는데, 수컷은 검은색이고 암컷은 갈색이다. 높고 탁한 울음소리를 낸다.

주로 메뚜기, 잠자리, 도마뱀, 개구리, 거미류 등을 먹고 먹이를 잘게 찢어 먹기 때문에 '새의 도살자 Lanius bucephalus'라는 의미의 학명을 가지고 있다. 나뭇가지에 앉아 있다가 날아가는 곤충을 보면 재빨리 따라가 잡아먹는다. 먹이가 풍부하면 잡은 먹이를 근처에 저장하여 먹이가 부족할 때를 대비한다. 부리는 맹금류만큼이나 강하지만, 먹이를 물고 먼 거리를 이동하기가 쉽지 않고 또 먹이를 움켜잡을 정도의 다리 힘이 없기 때문에 생긴 습성이다.

관찰 시기와 장소 동궐의 떠돌이 텃새로 4~5월과 9~10월경 창덕궁 낙선재 남쪽 정원, 창경궁 춘당지 북쪽과 소춘당지, 온실 북동쪽에서 만날 수 있다. 2006년 5월 창경궁 소춘당지 북서쪽에서 목욕하는 암컷을, 9월 말에는 창덕궁 낙선재 남쪽 정원에 머문 암컷을, 그리고 2007년에는 문정전 남쪽에서 수컷 1마리를 관찰하였다. 동궐에서 번식을 확인하지는 못했다.

●○○ 2005. 10. 창덕궁 낙선재 남쪽 정원 눈선이 갈색인 암컷
○●○ 2006. 10. 창덕궁 낙선재 남쪽 정원 어린 수컷
○○● 2005. 05. 창덕궁 낙선재 남쪽 정원 눈선이 검은 수컷

노랑때까치 Brown Shrike

참새목 때까치과
몸길이 20cm
번　식　5~6월

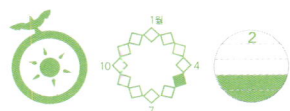

우리나라 전역에서 흔히 번식하는 여름새였으나 지금은 크게 감소하여 매우 드물게 번식한다. 몸집은 까치보다 훨씬 작다. 이마와 머리 중앙은 약간 흐린 회색이고, 몸 윗면은 회갈색, 날개는 황갈색, 턱 밑과 몸통은 흰색이며, 옆구리가 황백색을 띤다. 눈선이 굵고 검으며, 눈썹선은 회백색이다. 암수가 함께 생활하며 번식이 끝난 뒤에도 가족을 이루어 지낸다. 개구리나 작은 곤충 등의 동물성 먹이를 먹으며, 작은 새나 쥐를 잡아먹기도 한다. 먹이를 저장해 두었다가 먹는 습성이 있다.

관찰 시기와 장소 동궐에서 보기 힘든 새이다. 2006년 5월 창덕궁 낙선재 남쪽 정원에서 수컷 1마리를 관찰한 적이 있다. 한 차례만 관찰되어 관찰 시기와 장소를 예상하기 어려우나, 봄철 북상 시기에 드물게 동궐을 통과하는 것으로 추정된다.

••• 2006. 05. 창덕궁 낙선재 남쪽 정원   노랑때까치

칡때까치 Thick-billed Shrike

참새목 때까치과
몸길이 18cm
번　식 5~6월

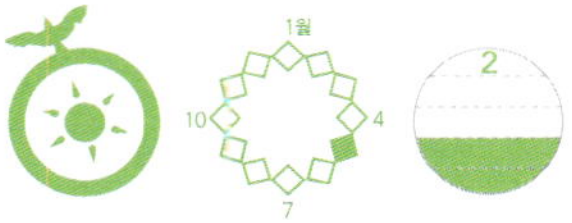

흔하지 않은 여름새이다. 노랑때까치와는 달리 암수 모두 회백색의 눈썹선이 없다. 머리와 뒷목은 청회색이고, 검은색의 굵은 눈선이 있다. 몸 윗면과 날개에는 적갈색에 옅은 검은색의 비늘무늬가 있고, 배는 흰색이다. 암컷은 눈선이 수컷에 비해 가늘고 옆구리에 무늬가 있다. 주로 곤충류를 잡아먹는다.

관찰 시기와 장소 동궐에서 세 차례 관찰되어 관찰 시기와 장소를 예상하기 어려우나, 봄철 북상 시기에 드물게 동궐을 통과하는 것으로 추정된다. 2006년 5월 창덕궁 서쪽 솔밭에서 수컷 1마리를, 2007년 5월 창덕궁 낙선재 남쪽 정원에서 암수 한 쌍을 관찰하였으며, 창덕궁 북동쪽 공터에서 어린새를 관찰하였다.

●○○ **2006. 05. 창덕궁 서쪽 솔밭 부근** 검은색 눈선이 굵은 수컷
○●○ **2007. 05. 창덕궁 북동쪽 공터** 미성숙새
○○● **2007. 05. 창덕궁 북동쪽 공터** 옆구리에 무늬가 있는 암컷

되지빠귀 Grey-backed Thrush

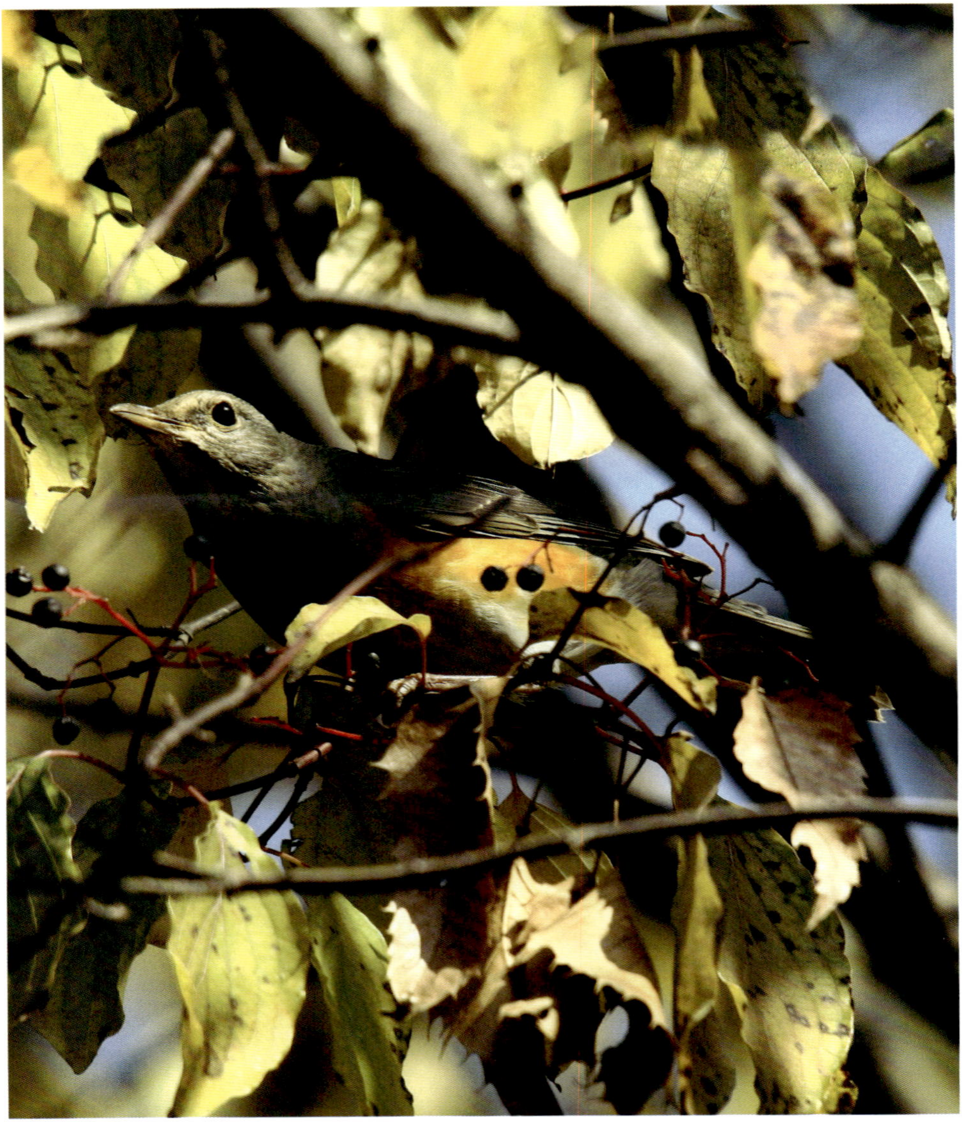

참새목 지빠귀과
몸길이 23cm
번　식　5~6월

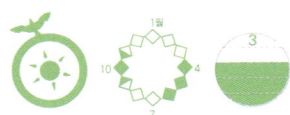

흔하지 않은 여름새이다. 아침부터 해질 때까지 아름다운 소리로 요란하게 운다. 수컷은 머리 꼭대기부터 꽁지까지 진한 회색이며, 턱 밑과 윗가슴은 청회색, 아랫가슴은 주황색, 배는 흰색이다. 암컷은 머리 꼭대기부터 꽁지까지 갈색이며, 턱 밑이 황갈색을 띤 흰색이다.

나뭇가지 위에 밥그릇 모양의 둥지를 틀고, 그 안에 마른풀의 줄기와 뿌리를 깐다. 산란 수는 4~5개이다. 먹이로는 나방과 나비의 애벌레를 좋아하고, 식물의 열매도 잘 먹는다.

관찰 시기와 장소 동궐에서 드물게 볼 수 있는 여름새이다. 해마다 5월이면 동궐에서 되지빠귀의 아름다운 소리를 들을 수 있지만 관찰하기가 쉽지 않다. 말채나무와 팥배나무 열매가 익는 가을철에 창경궁 관덕산 솔밭 입구와 야생화 단지에서 열매 먹는 것을 관찰할 수 있다.

2005년 5월 중순부터 6월 초에 창덕궁 서쪽 솔밭 북쪽에서 번식 과정을 관찰했다. 2005년 10월 창경궁 관덕산에서 암컷을, 2007년 5월 창덕궁 북서쪽에서 암수 모두를 관찰하였으며 이때 수컷의 울음소리가 몇 주 동안 계속 들렸으나 번식은 확인하지 못하였다.

*동궐 되지빠귀의 번식 과정은 〈동궐의 새와 친해지기〉 28~29쪽 참고

●○○ **2007. 11. 창덕궁 함양문 북쪽** 몸 윗면이 갈색인 암컷
○●● **2007. 04. 창덕궁 북서쪽 길** 몸 윗면이 진한 회색인 수컷

호랑지빠귀 White's Thrush

참새목 지빠귀과
몸길이 29.5cm
번　식　5~6월

우리나라 전역에서 볼 수 있는 흔한 여름새이다. 호랑이 털가죽의 무늬처럼 몸 색깔이 얼룩얼룩하여 다른 새와 혼동할 염려가 없다. 몸에는 초생달 모양의 검은색 반점이 있고 깃은 황금색을 띤 갈색으로, 암수가 비슷하다. 슬프고 가느다란 소리로 매우 조용하게 운다. 구슬피 우는 소리가 사람 혼을 빼앗는다고 하여 '혼새' 또는 '저승새'라는 별칭이 붙기도 하였다.

먹이는 주로 곤충의 유충이나 성충, 거미, 지렁이 등을 잡아먹고 식물성 먹이도 먹는다. 번식기인 5~6월에는 조심스러워져 울음소리를 내지 않으며, 새끼들에게는 주로 지렁이를 잡아다 먹인다.

관찰 시기와 장소 동궐에서는 봄철 북쪽으로 이동하는 시기와 가을철 남쪽으로 이동하는 시기에 볼 수 있다. 주로 창덕궁 서쪽 솔밭과 다래나무 남쪽 및 부용지 부근 숲, 그리고 창경궁 춘당지 동쪽, 관덕산과 온실 서쪽 숲에서 관찰된다. 9~10월경 창경궁 춘당지에서도 가끔 발견하였다. 2003년 6월 종묘 영녕전 동쪽 숲에서 먹이를 물고 있는 어미새를 관찰하였고, 2006년 6월 창경궁 관덕산에서, 그리고 2007년 6월 창덕궁 낙선재 남쪽에서 번식을 확인하였다. 대개 4월부터 10월까지 볼 수 있는 여름새이나, 이례적으로 2005년 12월 24일에 창경궁 관덕산 남쪽에서 관찰한 적이 있다.

●○ **2006. 04. 창덕궁 북서쪽** 초생달 모양의 검은색 반점이 온몸에 있는 호랑지빠귀
○● **2006. 04. 창경궁 춘당지 동쪽** 둥지 재료를 물고 있는 모습

: **2006. 04. 창경궁 온실 서쪽**   번식 전 수컷이 암컷에게 지렁이를 먹이는 구애 행동

○ 2006. 06. 창경궁 관덕산　4마리 새끼가 있는 호랑지빠귀 둥지
○ 2007. 06. 창덕궁 낙선재 남쪽 정원　이소 후 독립 직전의 어린새

검은딱새 Common Stonechat

참새목 지빠귀과
몸길이 13cm
번　식 5~6월

4월 무렵에 동남아시아 등지에서 우리나라를 찾아와 9월 무렵에 남하하는 흔한 여름새이다.

    수컷의 여름깃은 머리와 몸 윗면이 검은색, 몸 아랫면이 흰색이고 가슴의 일부가 오렌지색이며 날개에 흰색 줄무늬가 있다. 겨울깃은 전체적으로 갈색이다. 암컷은 흑갈색인 머리와 등에 검은 줄무늬가 있고, 가슴과 배는 옅은 적갈색이며 날개엔 흰색 줄무늬가 있다. 몸을 상하로 움직이며 운다. 풀밭에 사는 벌레를 잡아 새끼를 기른다.

관찰 시기와 장소 동궐에서는 관찰하기 어려워 관찰 시기와 장소를 예측하기 어렵다. 2005년 4월에 창덕궁 낙선재 남쪽 정원과 창경궁 관천대 동쪽에서 수컷과 암컷을 관찰하였고, 2008년 4월 낙선재 남쪽 정원에서 수컷 1마리를 관찰하였다.

●○○ 2008. 04. **창덕궁 낙선재 남쪽 정원**　머리와 몸 윗면이 검은색인 수컷
○●○ 2005. 04. **창경궁 관천대 동쪽**　머리와 등이 흑갈색인 암컷
○○● 2005. 04. **창덕궁 낙선재 남쪽 정원**　산철쭉 꽃봉오리에 앉은 암컷

꾀꼬리 Black-naped Oriole

참새목 꾀꼬리과
몸길이 26cm
번 식 5~7월

흔한 여름새이다. 몸 전체가 선명한 노란색 깃털로 덮여 있어 다른 종과 혼동할 염려가 없다. 한자어로 '황작黃雀' 또는 '황조黃鳥'라 부르는 이유이기도 하다. 모습이 아름다운데다가 울음소리가 맑고 고와서 예로부터 시나 그림의 소재로 빈번하게 등장하였다.

　　암수 모두 눈선이 검고 뚜렷한데, 수컷은 검은 눈선이 머리 뒤까지 이어지고 암컷은 머리 뒤에서 끊겨 있다. 또 수컷이 암컷보다 더 짙은 노란색이다. 둥지를 떠난 어린새의 가슴에는 검은색 세로 줄무늬가 있는데, 이 무늬는 이듬해 여름까지 지속된다. 어린새는 어미를 따라 다니며 먹이를 받아먹고, 9월쯤 독립하여 스스로 층층나무 열매를 따 먹는다. 매미, 메뚜기 등의 곤충이나 거미 등을 잡아먹고 나무 열매도 잘 먹는다

관찰 시기와 장소　봄부터 아름다운 소리를 내며 창덕궁과 창경궁을 날아다닌다. 해마다 창덕궁에서 번식하는데, 번식이 시작되면 울음소리를 잘 내지 않는다. 창경궁 소춘당지와 춘당지에서도 가끔 관찰되지만, 우거진 숲 속에 앉아 있어 관찰하기가 쉽지 않다. 어미가 새끼에게 먹이를 먹일 때 새끼가 괴성을 지르며 먹이를 조르기 때문에 이 소리를 듣고 찾으면 발견하기가 쉽다. 10월에는 남하하므로 10월 이후로는 잘 보이지 않는다.

●○○ 2006. 06. 창덕궁 능허정 북쪽　온몸이 노란색인 꾀꼬리 암컷
○●○ 2005. 07. 창경궁 소춘당지　검은 눈선이 머리 뒤까지 이어진 수컷
○○● 2004. 09. 창덕궁 관람지　가슴에 검은 세로줄이 남아 있는 미성숙새

파랑새 Broad-billed Roller

파랑새목 파랑새과
몸길이 29.5cm
번　식 4~7월

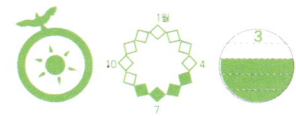

256

흔하지 않은 여름새이다. 파랑새를 찾아 헤매는 꿈을 꾸다가 문득 자기들이 기르던 새가 파랑새였음을 깨닫는다는 내용의 벨기에 동화극 때문에 '행복한 세상'과 '이상적 세계'를 상징하는 새로 유명해졌다. 우리나라에서는 '새야 새야 파랑새야 녹두밭에 앉지 마라'라는 민요로 유명하다.

몸 전체가 선명한 청록색이고 머리와 꽁지는 검은빛을 띠며 부리와 다리가 빨간색으로 매우 아름답다. 날 때는 날개깃의 흰색 반점이 뚜렷하게 보인다. 사람을 경계하여 눈에 잘 띄지 않으나 특이하고 요란한 소리를 내며 날아다니기 때문에 울음소리를 들으면 발견할 수 있다. 주로 나무 위에서 생활하며 날아다니는 곤충을 잡아먹는다.

관찰 시기와 장소 창덕궁 관람지 부근에 자주 나타나며, 사람이 적은 이른 아침과 저녁 무렵에는 창경궁 춘당지 주변에서도 볼 수 있다. 2005년 5월 창덕궁 관람지 부근에서 파랑새를 처음 만났다. 그 후 창덕궁 북동쪽 공터와 창경궁 관덕산 솔밭에서 어린새 2마리를 발견하여, 창덕궁에서 번식함을 확인할 수 있었다. 2006년에는 창덕궁 능허정 부근에서부터 신선원전까지 큰부리까마귀 1마리를 공격하며 따라온 한 쌍을 보았고, 2007년에는 창덕궁 관람지에서 어미새와 새끼 2마리가 함께 있는 모습을 보았다. 어린새는 9월까지 관찰되지만, 어미새는 어린새가 독립하면 먼저 떠나는 것으로 보인다.

●○ **2007. 07. 창경궁 관덕산 솔밭** 부리가 붉은 성숙한 파랑새
○● **2007. 08. 창덕궁 관람지** 아직 부리가 붉지 않은 어린새

♂ 2007. 08. 창덕궁 관람지　어미새(가운데)와 어린새들
♀ 2007. 08. 창덕궁 관람지　어린새에게 먹이를 주는 어미새

- 2005. 08. 창경궁 관덕산 솔밭 어린새
- 2005. 08. 창덕궁 북동쪽 공터 첫 번째 날개깃에 흰색의 반점이 있다.
- 2005. 08. 창덕궁 북동쪽 공터 어린새의 앞모습

소쩍새 Eurasian Scops Owl

올빼미목 올빼미과
몸길이 20cm
번　식 5~6월

흔하지 않은 텃새이자 나그네새로, 천연기념물 제324-6호로 지정되어 있다. 올빼미류 중에서 몸집이 가장 작다. 몸 색깔이 회색인 것과 갈색인 것 두 종류가 있는데 두 종류 모두 몸에 세로 줄무늬가 있으며 깃털뿔羽角이 있다. 시어머니가 항상 작은 솥에 밥을 하게 하는 바람에 먹을 것이 부족해 굶어 죽은 며느리가 소쩍새가 되어, 항상 '솟쩍, 솟쩍' 또는 '소쩍다', '솥이 적다'고 운다는 이야기가 전해오는데, 이렇게 우는 것은 수컷이고 암컷의 울음소리는 많이 다르다. 나무 구멍에서 번식하며, 낮에는 둥지 주변의 나무에 몸을 숨기고 있다가 어두워지면 나방 등을 잡아먹는다.

관찰 시기와 장소 해마다 동궐과 종묘에서 3~4쌍이 번식한다. 봄철 창덕궁 후원, 창경궁 관덕산, 종묘 서쪽 숲에서 울음소리는 자주 들을 수 있으나 관찰은 쉽지 않다. 둥지가 있는 나무를 찾아야 관찰할 수 있는데, 2006년 5월 창덕궁 신선원전 동쪽과 창경궁 관덕정 남서쪽에서 낮에 촬영할 수 있었다.

소쩍새의 번식 시기가 여름새인 솔부엉이와 비슷하고 날아다니는 곤충을 잡아먹는 습성 때문에 동궐에서는 여름새로 분류하였다.

●○○ 2006. 05. 창덕궁 신선원전 동쪽　회색형 소쩍새
○●○ 2006. 05. 창경궁 관덕정 남서쪽　갈색형 소쩍새
○○● 2006. 05. 창덕궁 신선원전 동쪽　갈색형 소쩍새

번식 2005년 6월 6일 창덕궁 빙천에서 알 3개가 있는 둥지를 발견하여 새끼 1마리의 성장을 관찰할 수 있었다. 번식쌍 중 암컷은 알을 품고 수컷은 암컷에게 먹이를 잡아다 주었다. 새끼는 부화한 지 1주가 자나자 눈을 뜨고 3주 정도가 지나자 둥지를 떠났다. 어미새는 작은 인기척만 나도 이내 둥지를 떠나서 알을 품는 동안에는 촬영을 자제하였고, 새끼를 기를 때에도 밤에만 먹이를 잡아다 주기 때문에 야간 촬영을 하였다.

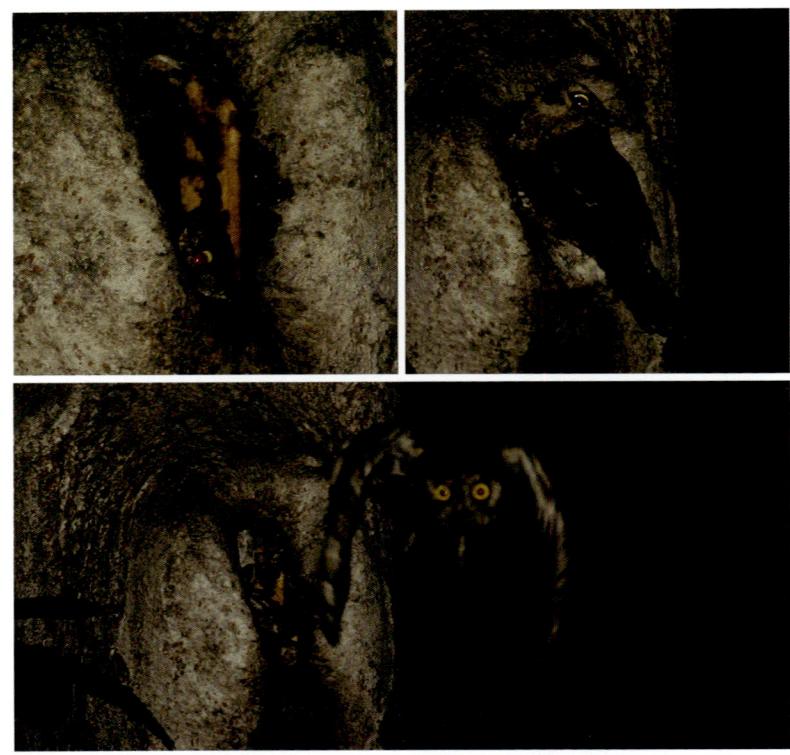

∴● 2005. 06. 24. 창덕궁 빙천 북서쪽 둥지에서 남은 알 2개를 품고 있는 암컷과 이틀 전 부화한 새끼 1마리에게 먹이를 잡아다 주는 수컷

:: 2005. 06. 06.~07. 03. 창덕궁 빙천 북서쪽 알 3개가 있는 둥지를 발견하여 부화된 새끼의 성장을 관찰할 수 있었다.
•• 2005. 07. 08. 솜털이 거의 다 없어진 새끼가 구멍 밖에서 먹이를 기다리고, 어미새는 새끼를 먹이려고 먹이를 잡아 왔다.

후투티 Hoopoe

파랑새목 후투티과
몸길이 28cm
번　식 4~6월

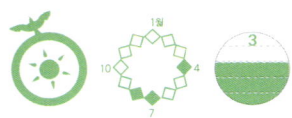

흔하지 않은 여름새이다. 길게 뻗은 머리깃이 가장 눈에 띄는 후투티는, 머리깃이 인디언 추장의 깃털 모자와 비슷하다고 하여 '추장새'라고도 불린다. 머리깃을 부채처럼 펼쳤다 접었다 하며, 주로 풀밭에서 땅속에 있는 애벌레나 곤충을 잡아먹고, 번식 중에는 논두렁의 깊은 땅 구멍에서 주로 땅강아지를 잡아 새끼에게 먹인다. 황갈색 몸에 흰색과 검은색의 줄무늬로 된 날개도 매우 독특하여 다른 새와 뚜렷이 구별된다.

관찰 시기와 장소 북상 시기인 3~4월경에는 동궐을 지나가고, 남하 시기인 7~8월에는 창덕궁 낙선재 남쪽 정원과 창경궁 관덕산 솔밭에 여러 날 머무르기도 한다. 보통은 단독으로 이동하는 모습을 보았지만, 2006년 7월에는 창경궁 영춘헌 동쪽에서 2마리가 함께 있는 것을 관찰하였다. 사람을 별로 두려워하지 않는지, 2005년 8월 창덕궁 낙선재에서 만난 후투티는 촬영하는 것을 가까이 다가와 살펴보기까지 하였다. 동궐에서 번식은 하지 않는다.

●○○ 2005. 08. 창덕궁 낙선재 서쪽 공터 머리깃이 독특한 후투티
○●○ 2005. 08. 창덕궁 낙선재 남쪽 정원 머리깃을 부채처럼 펼친 모습
○○● 2005. 08. 창덕궁 낙선재 서쪽 공터 앞모습

♂ 2006. 07. **창경궁 영춘헌 동쪽**　소나무 가지에 앉은 후투티 2마리
♀ 2005. 08. **창덕궁 낙선재 남쪽 정원**　날개를 활짝 편 후투티의 뒷모습

⁚ **2005. 08. 창덕궁 낙선재 서쪽 공터** 풀밭에서 벌레를 잡아먹고 있다.

휘파람새 Japanese Bush Warbler

참새목 휘파람새과
몸길이 14~16cm
번 식 5~6월

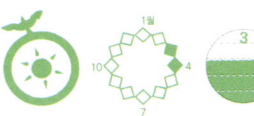

봄부터 여름까지 우리나라 어디에서든 만날 수 있는 흔한 여름새이다. 봄을 느끼게 하는 새라 하여 '춘고조春告鳥' 또는 '화견조花見鳥'라고도 부른다. 울음소리가 기분을 상쾌하게 하는 휘파람과 같다고 하여 이름도 휘파람새이다. 일본에서는 좋은 새소리를 얻기 위해 잘 우는 스승 새를 두고 휘파람새를 사육하기도 했다고 한다. 암수의 생김새는 거의 같은데, 몸통 위쪽은 회갈색이고 아랫면은 황백색이며, 눈에는 황갈색의 눈썹선이 있다. 주로 곤충류를 잡아먹는다.

관찰 시기와 장소 봄철에 동궐에서 가끔 휘파람 같은 아름다운 휘파람새 소리를 들을 수 있으나, 키 작은 관목에 숨어 있어 관찰은 쉽지 않다. 창덕궁 낙선재 남쪽 정원 산철쭉에서 노래하는 것을 여러 차례 들었으며, 2005년 4월 휘파람새를 촬영할 수 있었다.

●○○ 2005. 04. 창덕궁 낙선재 남쪽 정원 몸 위쪽이 회갈색인 휘파람새
○●● 2005. 04. 창덕궁 낙선재 남쪽 정원 나무 아래 숨어 있는 모습

산솔새 Eastern Crowned Willow Warbler

참새목 휘파람새과
몸길이 12cm
번　식　5~6월

우리나라에서 흔히 볼 수 있는 여름새이다. 나뭇가지나 키 작은 나무 사이 여기저기를 아주 빠르게 돌아다니며 부지런히 곤충이나 거미 등을 잡아먹고, 땅 위에는 잘 내려오지 않는다. 몸통 윗면은 노란빛이 강한 녹갈색인데 머리 부분이 등보다 색이 더 진하다. 배는 탁한 흰색이다. 흐린 눈썹선과 이마에서 윗목까지 뻗어 있는 머리 중앙선이 있어 다른 솔새와 구별된다. 높은 소리로 지저귄다.

관찰 시기와 장소 동궐에서 봄철에 드물게 관찰되어 관찰 시기와 장소를 예상하기가 어렵다. 2005년 5월 창덕궁 부용지 휴게소와 2006년 4월 창경궁 춘당지 동쪽에서 관찰되었다. 동궐에서의 번식은 확인하지 못했다.

●○○ **2006. 04. 창경궁 춘당지 동쪽** 머리 중앙선이 보이는 앞모습
○●● **2005. 05. 창덕궁 부용지 휴게소 북쪽** 주로 나무 위에서 생활하는 산솔새

큰유리새 Blue-and-white Flycatcher

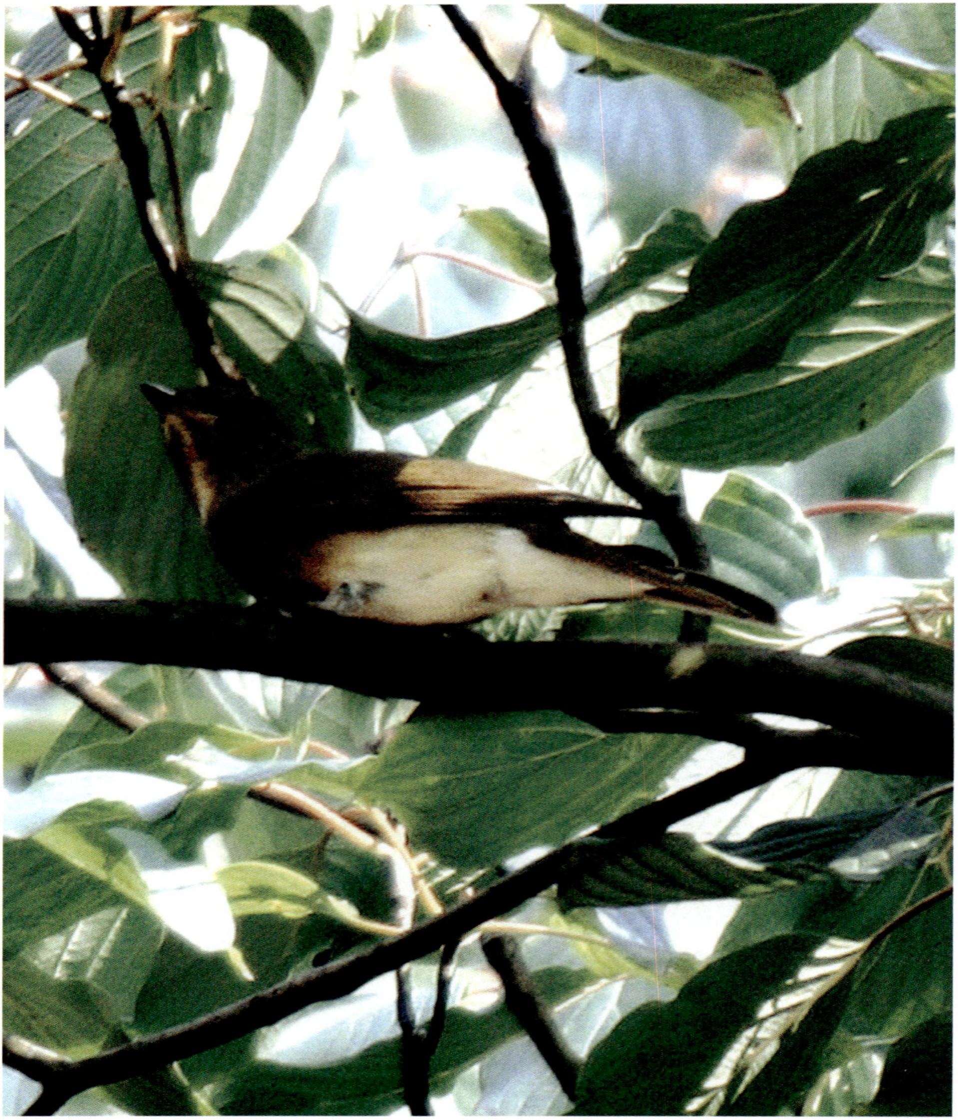

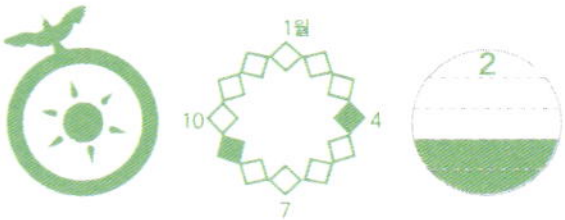

참새목 딱새과
몸길이 16.5cm
번 식 5~7월

 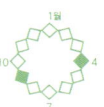

흔한 여름새이다. 수컷의 머리와 등은 파란색, 배는 흰색이어서 얼핏 같은 여름새인 쇠유리새와 혼동할 수 있으나, 큰유리새는 얼굴과 가슴이 검은색이고 쇠유리새는 얼굴과 가슴이 흰색이다. 암컷의 머리와 등은 갈색, 배는 흰색, 멱과 가슴은 회갈색이다. 어린 수컷은 암컷과 비슷하지만 날개와 허리, 꽁지가 파란색을 띤다.

　암수가 함께 살고 번식이 끝난 뒤에도 어린새를 데리고 가족을 이루며 살고, 주로 나무에서 생활하므로 땅으로는 내려오지 않는다. 날아다니는 곤충을 잡아먹은 후 다시 본래 위치로 돌아오는 습성이 있다. 명랑한 소리로 지저귄다.

관찰 시기와 장소　동궐에서 자주 볼 수 없어 관찰 시기와 장소를 예상하기 어렵다. 2004년 9월 창덕궁 부용지 휴게소 동쪽에서 암수 한 쌍과 어린 수컷을 관찰하였고, 2005년 4월 창경궁 관천대 남쪽에서 수컷을 관찰한 적이 있다.

●○○ **2004. 09. 창덕궁 부용지 휴게소**　머리와 등이 갈색인 암컷
○●○ **2005. 04. 창경궁 관천대 남동쪽**　머리와 등이 파란 수컷
○○● **2004. 09. 창덕궁 부용지 휴게소**　어린 수컷

찌르레기 Grey Starling

참새목 찌르레기과
몸길이 24cm
번 식 5~6월

우리나라 전역에서 번식하는 흔한 여름새이다. 먹이를 찾으러 나서기 전에 소리를 내는데 그 울음소리가 정감이 있어 듣기 좋다. 눈 주위와 뺨이 희고, 머리·멱·가슴이 짙은 회색이다. 부리는 주황색이며, 끝이 검다. 날 때는 날개를 빠른 속도로 움직여 직선으로 날며, 땅에 내려앉을 때에는 몇 차례 원을 그리며 맴돌다가 미끄러지듯이 내려앉는다. 대개 무리 지어 다니며 번식기에는 암수가 함께 산다. 먹이는 잡식성으로 개구리나 곤충류, 나무 열매 등을 잘 먹는다.

관찰 시기와 장소 경복궁과 덕수궁에서는 관찰되는데, 어찌된 일인지 창덕궁과 창경궁, 종묘에서는 쉽게 보이지 않아 관찰 시기와 장소를 예상하기가 어렵다. 2003년 12월 창경궁 춘당지 남동쪽 옥천에서 목욕 후 깃털을 다듬는 모습을 보았다. 2006년 6월 창덕궁 취운정 남동쪽에서 어린새 1마리를 관찰하였고, 7월에는 창덕궁에서 10여 마리를 관찰하였다.

●●○ 2006. 07. 창덕궁 책고 북쪽 은행나무 눈 주위와 뺨이 흰색인 찌르레기
○○● 2006. 06. 창덕궁 취운정 남동쪽 어린 찌르레기

붉은배새매 Chinese Sparrow Hawk

매목 수리과
몸길이 ♂30cm ♀33cm
번　식　5~7월

예전에는 흔한 여름새였으나 지금은 드문 여름새가 되어 버려, 천연기념물 제323-2호로 지정하여 보호하고 있다. 몸의 윗면은 어두운 청회색, 아랫면은 흰색이고, 가슴과 옆구리는 분홍색을 띤다. 수컷의 몸집이 암컷보다 작으며, 수컷의 눈은 어두운 붉은색인데, 암컷과 어린새는 노란색이다. 윗부리를 덮고 있는 부드럽고 볼록한 부분인 납막은 주황색이다. 어린새의 가슴과 배에는 밤색의 굵은 세로줄이 있다.

보통 어미새는 새끼들에게 개구리를 먹이는데, 동궐에는 개구리가 없어서인지 참새, 박새, 붉은머리오목눈이 등의 작은 새나 매미, 잠자리 등의 곤충을 잡아서 먹이는 모습을 관찰하였다.

관찰 시기와 장소 해마다 동궐의 큰 나무나 건물에서 볼 수 있지만, 동궐에서 매년 번식하는 것 같지는 않다. 2006년 7월 창덕궁 취운정 부근에서 암컷을 관찰하였으며, 같은 해 9월 창경궁 춘당지 휴게소에서 미성숙새를 발견하였다. 2007년 7월 창덕궁 희우정 동쪽에서는 새끼 5마리가 부화하여 이소하는 과정을 한 달 동안 관찰할 수 있었다.

●○○ **2007. 07. 창덕궁 서향각 서쪽** 눈동자의 노란 테가 선명한 암컷
○●● **2007. 06. 창덕궁 희우정 동쪽** 둥지를 지키는 수컷

- 2007. 07. 09. 창덕궁 희우정 동쪽 　어미새와 부화 8일째의 새끼
- 2007. 07. 18. 창덕궁 희우정 동쪽 　어미새와 새끼들
- 2007. 07. 23. 창덕궁 희우정 동북쪽 　둥지를 떠난 어린새
- 2007. 07. 27. 창덕궁 희우정 동쪽 　먹이를 움켜쥔 어린새의 모습

- 2006. 09. 창경궁 춘당지 휴게소 납막의 색이 아직 주황색이 아닌 미성숙새
- 2007. 07. 창덕궁 서향각 치미 수컷을 기다리는 암컷
- 2007. 07. 창덕궁 주합루 서쪽 하늘을 힘차게 날아가는 붉은배새매

참매 Goshawk

매목 수리과
몸길이 ♂50cm ♀56cm
번　식　5~6월

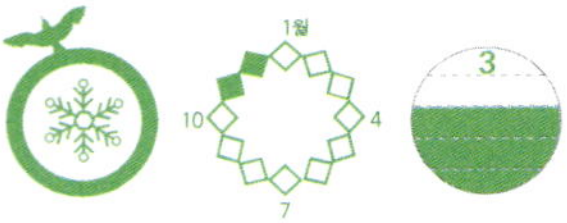

 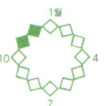

흔하지 않은 겨울새로, 천연기념물 제323-1호이다. 예로부터 우리나라에서는 참매를 이용하여 꿩과 토끼, 오리, 기러기 등을 잡는 매사냥을 즐겼다. 참매의 억센 날개와 날카로운 부리, 수백 미터 상공에서도 먹잇감을 정확히 포착하는 밝은 눈과 일단 덮친 먹잇감은 절대 놓치지 않는 예리한 발톱이 사냥매로서 적격이다. 이런 사냥매를 '송골매'라 부른다. 참매의 생김새는 새매와 비슷하지만, 몸집은 좀더 크다. 몸의 윗면은 푸른빛이 도는 회색이다. 흰 눈썹선은 굵고 뚜렷하며, 가슴과 배에 가느다란 흑갈색 가로줄 무늬가 빽빽하게 나 있다. 날개는 비교적 짧으면서 넓고, 꽁지는 몸길이에 비해 긴 편이다. 암수의 생김새가 유사하다. 작은 조류나 포유류 등을 잡아먹고, 경계할 때나 싸울 때 매서운 소리를 낸다.

관찰 시기와 장소 겨울철 창덕궁과 창경궁의 인적 없는 숲속에서 활동하여 관찰이 쉽지 않다. 2004년 창경궁 춘당지 휴게소에서 까치에 둘러싸인 참매를 보았고, 2007년 11월에는 창덕궁 가정당과 옥류천, 창경궁 자경전 터 북쪽에서 관찰한 적이 있다.

●○○ **2004. 12. 창경궁 춘당지 휴게소** 날카로운 부리가 눈에 띄는 참매
○●○ **2007. 11. 창덕궁 가정당 동쪽 숲** 흰색의 눈썹선이 굵고 뚜렷하다.
○○● **2007. 11. 창덕궁 옥류천 서쪽** 주로 높은 나뭇가지 위에 앉아 있다.

말똥가리 Common Buzzard

매목 수리과
몸길이 ♂52cm ♀56cm
번　식　5~6월

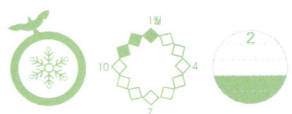

흔한 겨울새이다. 머리는 갈색이고, 배와 옆구리는 암갈색이며 부리는 암갈색 또는 검은색이다. 날 때 날개 아래쪽에 있는 암갈색의 반점이 눈에 띈다. 큰말똥가리보다 작으며 보다 짙은 암갈색이다. 작은 새나 들쥐, 개구리, 곤충 등을 잡아먹는다. 새매와는 달리 사람을 경계하며 피한다. 환경부 지정 멸종 위기 Ⅱ급 보호종이다.

관찰 시기와 장소 동궐에서 볼 수 있는 가장 큰 맹금류로 주로 높은 하늘에서 활공하는 모습을 볼 수 있다. 2006년 12월에는 창덕궁 서쪽 숲속 나무에 앉아 있는 모습을 관찰하였다.

관찰 요령 멧비둘기 등이 갑자기 급하게 날아가거나 작은 새들이 경계음을 내며 숨을 때 하늘을 살펴보면, 말똥가리를 비롯하여 새매, 참매, 황조롱이 등의 맹금류가 있는 경우가 많다.

●○○ **2006. 12. 창덕궁 서쪽 길** 날개 아래쪽의 암갈색 반점이 눈에 띈다.
○●○ **2006. 11. 창경궁 춘당지 동쪽** 큰 날개를 펼치고 먹잇감을 찾고 있다.
○○● **2004. 01. 창경궁 온실 북쪽** 활공하는 말똥가리

검은머리방울새 Siskin

참새목 되새과
몸길이 12.5cm
번　식　4~6월

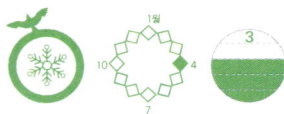

흔한 겨울새이다. 수컷의 머리는 검은색이고 등은 노란색을 띤 녹색에 검은색 줄무늬가 있다. 배는 흰색이며 어두운 갈색 줄무늬가 있다. 암컷의 머리는 초록색을 띤 회색이고, 흰 배 옆구리에 줄무늬가 있다. 식물의 씨앗이 주요 먹이지만, 봄철 북상 시기에는 나뭇잎에 붙어 있는 벌레도 잡아 먹는다.

관찰 시기와 장소 동궐에서는 월동하지 않는다. 주로 봄철 북상 시기인 4월 무렵에 창경궁 춘당지 서쪽 숲과 온실 북서쪽 키 큰 활엽수 부근에서 관찰할 수 있다. 키 큰 나뭇가지 위를 날아다녀 자세히 관찰하기가 쉽지 않지만, 아름다운 울음소리로 찾을 수 있다. 암수가 섞여 있는 4~5마리 무리가 이동하는데 이때 계속 울음소리로 낸다. 가을 남하 시기에는 동궐에서 관찰되지 않았다.

●○○ **2006. 04. 창덕궁 의로전 남서쪽** 머리가 회색인 암컷
○●○ **2006. 04. 창덕궁 의로전 남서쪽** 머리가 검은색인 수컷
○○● **2007. 04. 창경궁 관덕정 북쪽** 상수리나무 가지에 앉은 검은머리방울새

나무발발이 Common Treecreeper

참새목 나무발발이과
몸길이 13cm
번 식 4~6월

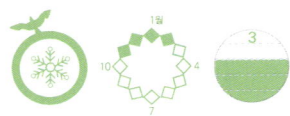

드문 겨울새이나 북한 지역에서는 흔한 겨울새이다. 동작이 빨라 '나무발발이'라는 이름이 썩 잘 어울린다. 나무를 기어오르며 나무껍질 속에서 월동하는 거미나 곤충을 잡아먹기 때문에 나무껍질에 틈새가 많은 소나무나 느티나무에서 자주 관찰된다. 나무줄기에 바짝 붙어 있으면 보호색 때문에 나무와 잘 구분되지 않는다. 몸의 아랫면은 흰색, 윗면은 갈색이며 흰 점 또는 줄무늬가 흩어져 있다. 흰색 눈썹선이 뚜렷하다. 부리는 약간 길며 아래로 휘었다. 금속성 소리를 내며 운다.

관찰 시기와 장소 동궐에서 드물게 발견되는 겨울새이다. 겨울철 기온이 낮아야 볼 수 있고, 따뜻한 날에는 잘 보이지 않는 것으로 보아 기온에 매우 민감한 것 같다. 2004년 2월에 창덕궁에서 한 번 보았고, 2006년에는 여러 곳에서 보았다. 2007년 11월부터 2008년 2월 사이에는 여러 마리가 동궐 전 지역에서 자주 관찰되었다.

••• **2006. 02. 창덕궁 서쪽 솔밭 부근**   나무껍질 틈에서 거미를 잡아먹는 나무발발이

쑥새 Rustic Bunting

참새목 멧새과
몸길이 15cm
번   식 5~7월

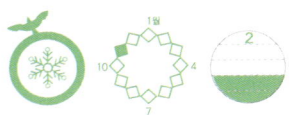

우리나라 전역에서 월동하는 흔한 겨울새이다. 수십, 수백 마리가 떼를 지어 다닌다. 허리에 황갈색의 비늘 같은 무늬가 있으며, 멱은 흰색이고 짧은 머리깃을 자주 세운다. 몸 윗면은 갈색이고 암갈색과 검은색의 세로 줄무늬가 있다. 수컷의 여름깃은 머리가 검고 겨울깃은 머리가 암갈색으로, 암컷과 비슷하다. 낮고 가는 소리를 낸다. 겨울에는 주로 풀씨를 먹고 여름에는 곤충을 잡아먹는다.

관찰 시기와 장소 우리나라에서 겨울을 나는 대표적인 멧새류이지만 동궐에서는 잘 보이지 않는다. 2004년 창덕궁 북동쪽 공터에서 한 차례 관찰하였다.

••• 2004. 11. 창덕궁 북동쪽 공터   쑥새

흰눈썹붉은배지빠귀 Eye-browed Thrush

참새목 지빠귀과
몸길이 21.5cm
번 식 6~7월

봄가을에 우리나라를 지나가는 흔하지 않은 나그네새이다. 암수 모두 흰색의 눈썹선이 선명하다. 수컷은 머리, 멱, 윗가슴이 청회색이고, 암컷은 수컷과 비슷하나 색이 좀더 엷고 멱이 흰색이다. 먹이로는 딱정벌레, 메뚜기 등을 잡아먹거나 식물의 열매를 먹는다

관찰 시기와 장소 동궐에서 보기 힘든 나그네새이다. 2007년 5월 초에 창덕궁 취규정 부근과 존덕정 북쪽 길, 창경궁 집춘문 부근에서 수컷 1~2마리를 세 차례 관찰하였고, 같은 해 5월 중순에 창경궁 춘당지 휴게소 동쪽에서 수컷 1마리를 관찰하였다. 사람을 피하기 때문에, 인적 없는 한적한 숲길에서 우연한 만남을 기대할 수밖에 없다.

●○○ **2007. 05. 창경궁 춘당지 휴게소 동쪽** 흰눈썹붉은배지빠귀 수컷
○●● **2007. 05. 창덕궁 취규정 서남쪽** 흰색의 눈썹선이 선명하다.

진홍가슴 Siberian Rubythroat

참새목 지빠귀과
몸길이 15cm
번　식 6~8월

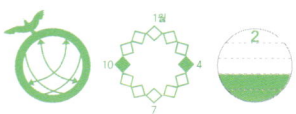

흔하지 않은 나그네새이다. 노벨문학상을 받은 스웨덴 작가 라게를뢰프의 《진홍가슴새》라는 동화에 이 새가 나온다. 온통 잿빛이지만 '진홍가슴'이라는 이름을 가진 새가 어느 날 가시관을 쓰고 있는 한 사형수의 이마에 박힌 가시를 조그만 부리로 뽑아 주다가 피 한 방울이 가슴에 떨어졌는데 그것이 지워지지 않아 진짜 '진홍가슴새'가 되었다는 이야기이다. 하지만 이름과는 달리 가슴이 아니라 턱 밑과 멱이 선명한 진홍색이다. 그것도 수컷만 그렇고, 암컷의 멱과 가슴은 흰색이다. 암수 모두 등은 갈색, 가슴과 옆구리는 회갈색을 띠며, 흰색의 눈썹선과 뺨선이 뚜렷하다. 굵은 울음소리를 낸다. 먹이로는 곤충의 유충과 성충을 잡아먹고 나무 열매도 잘 먹는다.

관찰 시기와 장소 봄가을에 창경궁과 창덕궁을 지나간다. 2006년 4월과 10월에 창덕궁 낙선재 남쪽 정원에서 수컷이 4~5일 정도 머무는 것을 본 적이 있고, 창경궁 관덕산에서 한 차례 본 적이 있을 뿐이어서 관찰 시기와 장소를 예상하기는 어렵다. 사람을 몹시 경계하여 촬영이 어려웠으나, 2006년 4월 여러 날 마주 친 뒤에는 경계를 풀어 촬영할 수 있었다.

••• 2006. 04. 창덕궁 낙선재 남쪽 정원   턱 밑과 멱이 선명한 선홍색인 수컷

쇠솔딱새 Asian Brown Flycatcher

참새목 딱새과
몸길이 13cm
번 식 5~6월

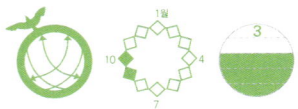

흔한 나그네새이다. 몸집이 아주 작다. 등은 갈색, 가슴과 옆구리는 옅은 회색, 배는 흰색이다. 흰색 눈테가 있다. 다른 딱새류처럼 날아가는 곤충을 재빠르게 잡는 솜씨가 뛰어나서, 저녁 무렵 연못 주변에서 하루살이나 모기 같은 작은 날벌레들이 우화하여 나오는 것을 잡아먹는다. 몸집처럼 울음소리도 작다.

관찰 시기와 장소 동궐에서는 보기가 쉽지 않다. 9월경 창덕궁 관람지와 창경궁 관덕산 솔밭에서 주로 볼 수 있다. 겨울철인 2004년 12월 중순에 창덕궁 관람지 부근에서 발견한 적이 있으며, 2006년 9월에 창경궁 관덕산 솔밭에서 작은 날벌레들을 잡아먹는 3마리를 관찰한 적이 있다.

●○○ **2007. 08. 창덕궁 서북쪽** 작은 몸집에 등이 갈색이다.
○●○ **2007. 09. 창경궁 관덕산 솔밭** 실베짱이 사냥에 성공한 쇠솔딱새
○○● **2005. 09. 창경궁 관덕산** 흰색 눈테가 선명하다.

제비딱새 Grey-spotted Flycatcher

참새목 딱새과
몸길이 13cm
번　식　알려지지 않음

흔한 나그네새이다. 짙은 회갈색 몸에 눈망울이 초롱초롱해서 또랑또랑해 보인다. 앉을 때는 제비처럼 몸을 꼿꼿하게 세운다. 흰색 눈테가 있고, 등에 흰색 띠가 있으며, 가슴에는 회갈색의 줄무늬가 있다. 소리를 잘 내지 않는 습성이 있다. 작은 날벌레를 잘 잡아먹고 나무 열매도 좋아한다.

관찰 시기와 장소 동궐을 지나가는 개체 수가 많지 않아 9월 초순에 드물게 발견된다. 창덕궁 관람지와 부용지 휴게소 부근에서는 층층나무 열매 먹는 모습을, 창경궁 관덕산 솔밭에서는 작은 날벌레들을 잡아먹는 모습을 관찰했다.

관찰 요령 작은 날벌레들이 우화하는 저녁 무렵 연못가나 열매가 있는 층층나무 주변에서 볼 가능성이 높다. 특히 층층나무 열매는 8월 초부터 새들이 즐겨 먹기 때문에 9월이면 거의 없어지지만, 볕이 잘 들지 않는 북쪽 기슭의 층층나무 열매는 늦게 익어 9월 중순까지도 남아 있는 경우가 많아 제비딱새도 먹을 수 있다.

●○○ 2004. 09. 창덕궁 관람지 서쪽　가슴에 회갈색 무늬가 보인다.
○●○ 2004. 09. 창덕궁 관람지　언제나 나무 위에서 생활한다.
○○● 2004. 09. 창덕궁 관람지 남동쪽　층층나무 열매를 즐겨 먹는 제비딱새

흰배멧새 Tristram's Bunting

참새목 멧새과
몸길이 14cm
번 식 5~8월

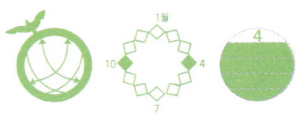

봄가을에 대규모 집단이 우리나라를 통과하는 흔한 나그네새이다. 이름처럼 암수 모두 배 부분이 흰색이다. 수컷은 머리와 멱이 검은색이고 가슴에 갈색의 줄무늬가 있다. 눈썹선과 머리 중앙선, 그리고 턱선이 모두 흰색이다. 암컷은 뺨이 회갈색이고 머리와 멱이 수컷보다 엷은 검은색이다. 먹이로는 딱정벌레류의 유충과 성충을 잡아먹고 풀씨 등도 잘 먹는다.

관찰 시기와 장소 해마다 봄가을이면 창덕궁 신선원전 구역, 창경궁 관덕산과 춘당지 주변에서 볼 수 있다. 4~5마리씩 무리 지어 이동하는 것을 관찰하였다. 2006년 4월에는 창덕궁 신선원전 북동쪽에서 수컷 1마리를 만났는데 촬영에 관심을 보이며 2~3미터 앞까지 다가오기도 했다.

●○○ 2006. 04. 창덕궁 신선원전 북동쪽 머리와 멱이 검은색인 수컷
○●○ 2007. 10. 창덕궁 신선원전 북동쪽 뺨이 회갈색인 암컷
○○● 2006. 04. 창덕궁 신선원전 북동쪽 수컷의 뒷모습

한국동박새 Chestnut-flanked White-eye

참새목 동박새과
몸길이 12cm
번　식　알려지지 않음

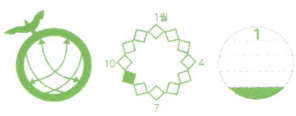

러시아 연해주와 중국 동북 지방에서 번식하고 동남아시아에서 월동하는 희귀한 나그네새로, 그 생태는 잘 알려져 있지 않다. 텃새인 동박새처럼 동백꽃의 꿀을 좋아하기 때문에 동백꽃이 필 무렵 동백나무 숲에 무리 지어 모여든다. 동박새와 비슷하지만, 몸집이 조금 작고 옆구리가 밤적색인 것이 다르다. 턱 밑과 멱은 노란색이고 배는 흰색이다. 영어 이름은 '옆구리가 밤색이고 하얀 눈을 가진 새'라는 의미를 가지고 있다. 눈 둘레에 흰색 고리 모양이 뚜렷하다. 행동이 민첩하고 겁이 많아 사람이 다가가면 바로 몸을 숨기기 때문에 사람의 눈에 잘 띄지 않는다.

관찰 시기와 장소 동궐에서는 2004년 9월 하순경 창덕궁에서 층층나무 열매를 먹는 솔딱새들 사이에서 한 차례 관찰했을 뿐이다. 관찰 시기를 예상하기는 어렵지만, 새들은 이동 경로를 반복하여 이용하는 습성이 있으므로, 가을철 층층나무 열매가 익는 시기에 동궐에서 다시 관찰할 수 있을 것으로 기대한다.

••• **2004. 09. 창덕궁 부용지 휴게소 동쪽** 층층나무 열매를 먹는 한국동박새

꺅도요 Common Snipe

도요목 도요과
몸길이 26cm
번　식　4~6월

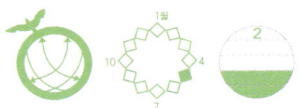

흔한 겨울새이자 봄가을에 우리나라를 통과하는 흔한 나그네새이다. 다리는 짧고 긴 부리는 곧은 모양이다. 몸에는 갈색 바탕에 검정색과 흰색의 가로 세로 줄무늬가 있다. 긴 부리로 지렁이 따위를 잘 잡아먹는다. 동작이 빠르며 위장을 잘하기 때문에 풀 속에 숨어 있으면 찾기 어렵다. 게다가 사람을 경계하여 발견하더라도 관찰이 쉽지 않다.

관찰 시기와 장소 동궐에서는 보기 쉽지 않은 나그네새이다. 봄가을 이동 중에 동궐의 여러 연못에서 잠시 쉬었다 가는 것으로 보인다. 2007년 5월 7일 창덕궁 연경당 남동쪽 연지 부근에서 마주쳤는데 10여 미터 날아가더니 멈춰 서서는 같은 자세로 1분 이상을 그대로 있었다. 이튿날에는 창경궁 관덕산에서 2마리를 관찰하였다.

• 2007. 05. 창덕궁 연경당 남동쪽   긴 부리가 특징인 깍도요

왕조의 역사와
자연생태가 공존하는
서울의 한복판,

종묘를 돌아보다

종묘

宗廟

박새 Great Tit

참새목 박새과
몸길이 14cm
번　식 4~7월

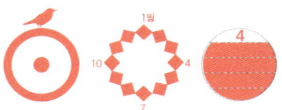

흔한 텃새로 박새류 중에서 가장 많다. 뺨 부분이 하얗다고 해서 예부터 '백협조白頰鳥'라고 불렀으며 '비죽새'라고도 불렀다. 배는 흰색이며, 멱에서 배 가운데로 이어지는 넥타이 모양의 굵은 검은색 세로줄 때문에 다른 박새류와 구분된다. 쇠박새는 턱 밑만 검은색이고, 진박새는 턱 밑과 멱만 검은색이다. 암수는 검은색 세로줄의 굵기로 구별하는데 수컷이 좀더 굵다. 하지만 수컷의 세로줄 모양과 굵기 등이 다양하여 식별이 애매한 경우가 많고, 특히 옆모습만 보일 때는 암수 구분이 쉽지 않다.

관찰 시기와 장소 동궐의 붙박이 텃새로, 동궐과 종묘의 전 지역에서 사계절 내내 관찰할 수 있다. 가을에는 천적을 피할 수 있는 덤불이나 낮은 관목 주변에서 나무 열매나 풀씨를 찾는데, 창경궁 야생화 단지 동쪽 숲과 창덕궁 낙선재 남쪽 정원에서 자주 관찰된다.

●○○ **2008. 02. 창경궁 관덕정 남쪽** 검은색 세로줄이 눈에 띄는 박새
○●○ **2007. 01. 창경궁 관덕산 솔밭** 검은색 줄무늬가 가는 암컷
○○● **2006. 02. 종묘 정전 남쪽 연못** 뺨과 배가 흰색이다.

먹이 번식기인 봄부터 초여름까지 주로 애벌레를 잡아먹으며, 가을부터는 10마리 이내로 무리를 지어 다니면서 주로 풀씨를 먹는다. 겨울나기를 위하여 박새가 먹이를 저장한다는 것을 어떤 책에서 읽은 적이 있으나, 동궐에서는 보지 못했다. 늦겨울 먹이를 찾지 못한 작은 박새가 쌓인 눈을 헤치고 나무의 꽃눈과 잎눈을 먹는 것을 보았는데, 한 가지의 꽃눈과 잎눈을 모조리 따 먹지 않고 다른 가지로 옮겨가 하나씩 따 먹었다. 봄이 가까워 나무에 물이 오르면 단풍나무에 구멍을 뚫어 수액을 먹기도 한다.

♀♂ **2005. 02. 창경궁 관덕산** 씨앗 껍질을 쪼개고 있다.
♀♂ **2005. 02. 창경궁 관덕산** 단풍나무 수액을 먹는 박새
♀♂ **2005. 04. 창덕궁 낙선재 남쪽 정원** 나뭇가지에 매달려 잎눈을 따 먹고 있다.
♀♂ **2004.11. 창경궁 춘당지 휴게소** 벌레를 잡는 데 성공한 수컷

번식 처마 밑, 나무 구멍, 돌담 틈에 이끼나 마른풀 등을 재료로 둥지를 튼다. 인공 새집에서도 잘 번식한다. 동궐과 종묘에서는 석축 또는 담장의 틈새와 같이 단단한 곳에 둥지를 트는 경우가 많았다. 종묘 정전 동쪽 숲의 석축과 영녕전 동쪽 담장, 창경궁 함인정의 기단 석축, 창덕궁 북동쪽 담장의 구멍에서 둥지를 관찰했는데, 고양이와 관람객을 피하기 위한 것이 아닌가 생각된다. 2004년에는 종묘 망묘루 북쪽 감나무와 정전 동쪽 숲 석축에서 둥지를 발견했는데 나뭇가지가 꽂혀 입구 구멍이 막혀 있었다. 번식기에는 애벌레를 물고 와서는 둥지 주변을 살피다가 재빨리 둥지로 들어간다.

- 2006. 04. 창경궁 춘당지 서쪽 둥지를 틀 장소를 찾고 있다.
- 2003. 05. 종묘 망묘루 북쪽 감나무에 둥지를 튼 박새
- 2004. 03. 종묘 영녕전 동쪽 둥지에 깔 이끼를 물고 있다.

쇠박새 Marsh Tit

참새목 박새과
몸길이 12.5cm
번   식 4~7월

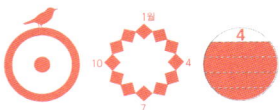

우리나라 전역에 걸쳐 번식하는 흔한 텃새이다. 머리 윗부분은 광택이 있는 검은색이다. 턱 밑과 멱도 검은색이고 뺨은 흰색이다. 등은 연한 갈색을 띤 회색이고, 날개에는 흰 줄이 없다. 나무 구멍에 둥지를 틀며, 인공 새집을 이용하기도 한다. 먹이로는 주로 곤충류를 잡아먹지만 풀씨나 작은 씨앗 등도 먹는다.

관찰 시기와 장소 동궐에 사는 붙박이 텃새이다. 번식기와 한여름에는 잘 보이지 않다가 가을이 되면 풀씨나 작은 씨앗을 먹는 모습을 쉽게 발견할 수 있다. 창덕궁 서쪽 솔밭과 낙선재 남쪽 정원, 창경궁 야생화 단지 주변과 춘당지 주변에서 자주 발견된다. 2006년 4월 창경궁 북동쪽에서 애벌레를 물고 둥지로 날아가는 것을 관찰하였다. 겨울철에 창덕궁 낙선재 남쪽 정원에서 산수유 열매를 반으로 쪼개 씨앗 부분만 먹고 붉은 과육은 남기는 모습을 보았고, 나뭇잎이 나기 전인 초봄에는 꽃눈과 잎눈을 먹는 것을 볼 수 있었다.

●○○ **2005. 03. 창경궁 온실 북쪽 길** 머리 윗부분이 검은색인 쇠박새
○●○ **2005. 01. 창덕궁 낙선재 남쪽 정원** 턱 아래 검은 점이 있다.
○○● **2006. 12. 창경궁 관천대 북서쪽** 산사나무 가지에 앉은 쇠박새

⚬ 2006. 12. 창경궁 야생화단지　산수유 꽃눈을 물고 있는 쇠박새
⚬ 2005. 02. 창덕궁 북서쪽　늦겨울에는 나무의 수액을 잘 먹는다.

∘∘ 2006. 04. 창경궁 북동쪽   애벌레를 물고 둥지로 돌아가는 중
∘∘ 2006. 10. 창덕궁 신선원전 동쪽   풀씨를 물고 있는 모습
∘● 2005. 03. 창경궁 춘당지 휴게소   참느릅나무 씨앗을 먹는 쇠박새

진박새 Coal Tit

참새목 박새과
몸길이 11cm
번　식 5~7월

우리나라 전역에서 번식하는 흔한 텃새이다. 몸길이가 11cm로 박새류 중에서 몸집이 가장 작다. 이마와 머리 위쪽은 검은색이고 윗목과 뺨은 흰색이며 날개에 2개의 흰 줄이 있다. 짧은 머리깃이 있는데, 암컷의 머리깃이 조금 더 짧다.

평지보다는 나무 꼭대기를 돌아다니면서 먹이를 찾는 습성이 있다. 단풍나무, 느릅나무, 솔방울 등의 씨앗을 잘 먹으며, 다른 종류의 박새처럼 봄철에는 단풍나무에 구멍을 뚫어 흐르는 수액을 먹기도 한다.

관찰 시기와 장소 동궐의 떠돌이 텃새로, 겨울철에 창덕궁 낙선재 남쪽 정원이나 창경궁 야생화 단지, 관리소 입구 단풍나무 아래에서 가끔 관찰된다. 2~3마리가 무리를 지어 다니기도 하지만 대부분 단독으로 돌아다니며, 겨울철에도 동궐에서 상주하는 것 같지는 않다. 번식기인 5~7월에는 북한산으로 이동하여 번식하는 것으로 보인다.

●○○ **2007. 04. 창덕궁 낙선재 남쪽 정원** 짧은 머리깃을 세운 진박새.
○●○ **2004. 02. 창경궁 관덕산** 단풍나무 수액을 잘 먹는다.
○○● **2006. 12. 창덕궁 신선원전 북동쪽** 솔방울에서 씨앗을 빼내고 있다.

곤줄박이 Varied Tit

참새목 박새과
몸길이 14cm
번 식 4~7월

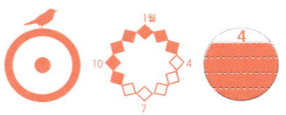

흔한 텃새이다. 영어 이름에 '다양한 varied'이라는 단어가 들어갈 정도로, 여러 빛깔로 몸을 아름답게 치장한 새이다. 머리 위쪽과 목은 검은색이고 등과 날개는 짙은 회색이며, 몸 아랫면이 밝은 적갈색이라 다른 박새류와도 쉽게 구별된다.

호기심이 강하고, 손 위에 땅콩을 올려놓으면 날아와서 가져갈 정도로 사람에게 가까이 접근하여 예로부터 새점을 칠 때 자주 동원되었다. 먹이는 열매의 씨앗이나 벌레 등을 잘 먹는데, 쪽동백나무와 때죽나무 열매의 단단한 껍질을 부리로 깨어 씨앗을 꺼내 먹는다. 나무에 구멍을 뚫어 수액을 먹기도 한다.

관찰 시기와 장소 동궐의 떠돌이 텃새이다. 9월부터 이듬해 3월까지 머물다가 번식기인 4월이 되면 북한산으로 이동하기 때문에 동궐에서 번식을 확인하지는 못했다. 그러다가 9월쯤 쪽동백나무 열매가 여물기 시작하면 어김없이 다시 동궐에 나타난다. 창경궁 온실 북쪽과 동쪽, 야생화 단지의 쪽동백나무에서 주로 관찰할 수 있으며, 창덕궁 관람지 남쪽, 종묘 정전 동쪽 길에서도 볼 수 있다. 종묘 정전 남쪽 연못 주변에서 먹이를 땅속에 묻어 저장하는 모습을 관찰한 적도 있다.

●○○ **2006. 03. 종묘 정전 동쪽 길** 몸 아랫면이 밝은 적갈색이다.
○●○ **2005. 10. 창경궁 온실 북쪽** 쪽동백나무 열매를 좋아한다.
○○● **2006. 11. 창경궁 춘당지 동쪽 길** 쪽동백나무 열매를 물고 있는 곤줄박이

♂ 2005. 10. **창경궁 관덕산**　등 깃털을 부풀린 모습
♀ 2006. 01. **종묘 정전 남쪽**　말벌집에서 먹이를 찾는 곤줄박이

모아 보기 숲을 건강하게 해주는

박새류

| 참새목 박새과 |

진박새
북방쇠박새
곤줄박이

우리나라 어디에서나 사는 아주 흔한 텃새이다. 나무가 울창한 산림이나 평지, 도시의 정원이나 공원 등 다양한 곳에서 생활한다. 머리와 몸은 대체로 검은색이고, 뺨과 배는 흰색, 등은 회색인데, 박새마다 색깔의 위치가 조금씩 다르다. 부리는 짧고 두툼하다. 번식기에 나무 구멍이나 돌담의 틈, 건물의 틈에 이끼류와 깃털을 깔아 둥지를 만들며, 사람이 만들어 달아 준 새집도 잘 이용한다. 번식기인 여름에는 암수가 함께 짝을 이루어 살다가 번식이 끝나면 다른 새들과 뒤섞여 무리를 이루어 지낸다. 번식기에 송충이를 비롯한 여러 해충을 주로 잡아먹어 숲을 건강하게 유지하는 데 큰 도움을 준다. 겨울에는 오목눈이, 동고비, 딱따구리류 등의 다른 종과 함께 무리를 이루기도 한다.

동궁에서는 흔히 볼 수 있는 박새, 쇠박새, 진박새를 비롯하여 곤줄박이, 북방쇠박새 등을 볼 수 있다. 박새는 멱에서 배 가운데로 넥타이 모양의 굵은 검은색 세로줄이 있고, 쇠박새는 턱 밑만, 진박새는 턱 밑과 멱만 검은색이다. 곤줄박이는 배 부분이 밝은 적갈색이라 다른 박새류와 쉽게 구별된다. 북방쇠박새는 쇠박새와 생김새가 거의 같아 야외에서는 구별이 어려운데 2009년 2월 창경궁 춘당지 동쪽에서 울음소리를 듣고 확인할 수 있었다.

쇠박새
박새

솔부엉이 Brown Hawk Owl

올빼미목 올빼미과
몸길이 29cm
번 식 5~7월

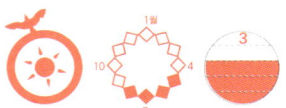

흔하지 않은 여름새로, 천연기념물 제324-3호이다. 다른 올빼미류와는 달리 뚜렷한 얼굴 면이 없고, 깃털뿔이 없다. 부리 주위의 흰색을 제외하면 머리 전체가 진한 밤색이고, 눈은 선명한 노란색, 가슴과 배는 흰색에 굵은 세로 줄무늬가 뚜렷하다. 밤에만 운다. 어두워지면 시야가 트인 나뭇가지에 앉아서 나방 등 곤충을 잡아먹는다.

관찰 시기와 장소 종묘 제정 북쪽에 있는 회화나무에서 2004년부터 2007년까지 해마다 번식한 2~3마리의 새끼들을 볼 수 있었다. 2004년과 2005년에는 창덕궁 관람지 남서쪽 밤나무에서도 번식하였으나, 2007년부터는 같은 밤나무에서 번식하지 않았다. 창덕궁 돈화문 북서쪽 회화나무에서는 한 구멍에서 2007년부터 2009년까지 3년 연속 번식하는 것이 관찰되었다.

　　2005년 6월 초에 창덕궁 관람지 남서쪽과 애련지 남쪽에서 사흘 동안 저녁 7시부터 새벽 4시까지 솔부엉이를 관찰했는데, 한밤중인 2~3시에 활동이 가장 뜸했다. 새벽에는 기온이 내려가 먹이가 되는 곤충들의 활동이 줄어들기 때문에 솔부엉이의 활동도 줄어드는 것으로 생각된다.

번식 5월에 동굴과 종묘로 들어와 6월에 알을 낳는데, 7월 중순이면 둥지를 떠나 나뭇가지에 앉아 있는 새끼를 볼 수 있다. 2005년에는 이소한 새끼 3마리 중 1마리만 살아남은 것을 보았는데, 번식의 성공이 쉽지 않은 것 같다.

관찰 요령 낮에는 잘 보이지 않는 높은 가지에 앉아 있으므로 자세히 살펴야 찾을 수 있다. 새끼는 이소한 후에도 한동안 둥지가 있는 나무에 머무르기 때문에 번식한 나무를 찾으면 관찰하기가 쉽다.

• 2004. 07. 종묘 제정 북쪽　날개를 뻗어 기지개를 켜는 솔부엉이

- 2007. 07. 창덕궁 돈화문 북서쪽 회화나무　둥지 주변을 지키는 수컷
- 2004. 07. 종묘 제정 북쪽　사진 촬영을 내려다보며 관심을 보였다.
- 2005. 07. 종묘 제정 북쪽　밤에 곤충을 잡아먹는 솔부엉이

● 2004. 07. 14. 종묘 제정 북쪽 회화나무 둥지를 떠나 나뭇가지에 앉아 있는 새끼들
● 2004. 07. 21. 솜털이 없어지고 깃털이 많이 자랐다.
● 2004. 07. 21. 하품하는 어린새

- 2004. 07. 종묘제정 북쪽   기지개를 켜는 어린새
- 2005. 06. 종묘제정 북쪽   둥지 주변을 지키던 수컷이 기지개를 켜고 있다.
- 2004. 07. 종묘제정 북쪽   어린새(왼쪽) 주변을 지키는 수컷

올빼미류와 부엉이류

| 올빼미목 올빼미과 |

올빼미류와 부엉이류는 편평한 얼굴에 정면을 향해 모아진 큰 눈을 가져 다른 새들과 뚜렷이 구분되는 야행성이다. 일부는 낮에도 활동한다. 깃털로 덮여 있어 목이 짧아 보이지만, 실제로는 긴 편이다. 다른 새들이 머리의 양쪽에 눈을 갖고 넓은 시야를 볼 수 있는 것과 달리 이들은 좌우나 뒤를 보려면 머리를 돌려야 한다. 눈과 귀가 유별나게 발달하고, 독특한 울음소리를 내며, 날카로운 부리와 발톱으로 포유류·조류·파충류·곤충류 등 다양한 먹이를 사냥한다. 먹이를 통째로 삼키며 소화되지 않은 뼈와 털은 덩어리로 토해낸다. 편의상 보통 깃털뿔이 있는 것을 '부엉이', 없는 것을 '올빼미'로 구분하기도 하지만, 부엉이류 가운데 솔부엉이는 깃털뿔이 없다. 우리나라에서는 올빼미와 부엉이 무리를 모두 올빼미과로 분류하고 있으며, 모두 11종이 알려져 있다.

동굴에서는 깃털뿔이 있는 소쩍새와 깃털뿔이 없는 솔부엉이를 볼 수 있다. 솔부엉이는 낮에도 둥지 주변의 높은 나뭇가지에 앉아 잘 움직이지 않으므로 관찰이 쉽다.

솔부엉이

소쩍새

새호리기 Eurasian Hobby

매목 매과
몸길이 ♂33.5cm ♀35cm
번 식 5~7월

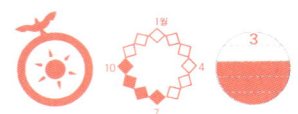

드문 텃새이자 흔하지 않은 나그네새이다. 새호리기는 '새를 홀리는 새 귀신'이라는 뜻으로, '새홀리기'로도 불린다. 날개가 길고 뾰족하여 앉아 있을 때 날개가 꽁지 뒤로 비죽 나온다. 몸 윗면은 흑갈색이고, 가슴과 배에는 흑갈색의 세로 줄무늬가 있다. 폭이 좁고 짧은 흰색 눈썹선이 있으며, 눈 밑으로 수염 모양의 검은 뺨선이 뚜렷하다. 암수가 서로 비슷하나, 수컷의 가슴은 흰색, 암컷의 가슴은 엷은 적갈색을 띤다. 어린새의 몸 아랫면은 크림색이며, 몸 윗면은 회색이 도는 흑갈색이다. 날아다닐 때 예리하고 특이한 울음소리를 낸다. 먹이로는 곤충이나 작은 새 따위를 잡아먹는다.

관찰 시기와 장소 2003년 8월 종묘 영녕전에서 새호리기 가족을 처음 발견했다. 둥지를 갓 떠나 잘 날지 못하는 어린새 2마리에게 어미새가 먹이를 잡아다 먹이는 것으로 보아, 영녕전 부근 숲에서 번식한 것으로 보인다. 이외에도 창경궁 관덕산 솔밭, 창덕궁 가정당과 낙선재 남서쪽 숲에서도 관찰할 수 있었다.

●○○ **2004. 08. 창경궁 관덕산 솔밭** 가슴과 배에 흑갈색 무늬가 있다.
○●○ **2003. 08. 종묘 영녕전 지붕** 몸을 털고 있는 새호리기
○○● **2007. 07. 창덕궁 승화루 남쪽 숲** 날개가 길고 뾰족하다.

○○ 2003. 08. 종묘 영녕전 동쪽 숲   어미새(가운데)와 어린새 2마리
○○ 2003. 08. 종묘 영녕전 동쪽 숲   먹이를 조르는 어린새와 어미새
○● 2003. 08. 종묘 영녕전 동쪽 숲   날갯짓하는 어린새

○ 2003. 08. 종묘 영녕전 동쪽 숲 긴 날개를 활짝 펴고 하늘을 나는 모습
● 2007. 07. 창덕궁 가정당 달려드는 까치를 공격하는 새호리기

용어 설명
동궐의 새 목록
참고문헌
찾아보기

용어 설명

겨울깃 (비번식깃) 번식과 관계없는 깃털. 번식이 끝난 뒤 늦여름부터 가을에 걸친 깃털갈이를 통해 얻은 깃털로, 대개 화려하지 않다. 이듬해 봄 번식기 전까지 이 깃털을 지니고 생활한다. 여름깃과 겨울깃의 차이가 없는 종도 많다.

겨울새 봄부터 여름에 걸쳐 주로 시베리아 등지에서 번식하고 가을에 우리나라를 찾아와 겨울을 나며, 봄이 되면 북으로 돌아가는 새. 대표적인 새로는 기러기류, 오리류, 고니류, 두루미류 등이 있다.

광택깃 청둥오리, 쇠오리 등의 수면성 오리류에서 둘째 날개깃에 녹색 또는 청색의 금속광택이 있는 것

길잃은새 (미조) 태풍 등으로 인하여 다른 새들의 무리에 합류하거나 혹은 단독으로 본래의 이동경로나 분포 지역으로부터 떨어져 찾아온 새. 알바트로스, 흰머리기러기, 쇠재두루미 등이 대표적이다.

깃털갈이 깃털이 빠지고 새로운 깃털이 나는 것을 말한다. 대부분은 가을에 깃털갈이를 하지만 봄에 깃털갈이를 하는 새도 드물지 않다. 봄에 깃털갈이를 할 경우 몸의 일부만 깃털갈이를 하는 경우가 있다.

나그네새 우리나라 북쪽에서 번식하고 일부는 우리나라 남쪽에서 겨울을 나기도하는 새로서, 봄과 가을에 북상 또는 남하하기 위해 우리나라를 거쳐간다.

납막 윗부리의 기부를 덮고 있는 부드럽고 불룩한 부분. 매, 수리류 등에 있다.

만성성晩成性 부화 직후에는 몸에 깃털이 없고 눈도 뜨지 못하며 몸을 일으키지도 못하는 새끼새를 일컫는다. 작은 새의 새끼새들이 만성성이다.

머리깃 (댕기깃) 머리 부분에 있는 긴 깃털. 끈 모양으로 길게 밑으로 처진 것 또는 위로 바로 선 것 등 여러 형태가 있다.

몸길이 새의 부리 끝에서부터 꼬리 끝까지의 수평선상의 길이

미성숙새 첫 깃털갈이 후 어른새가 되기까지의 새. 깃털 색깔에 확실한 특징이 없는 미성숙새도 있다.

번식기 암수가 짝을 짓는 데서 시작하여 둥지 짓기, 알 낳기, 새끼 기르기, 그리고 새끼가 이소하기까지의 기간을 말한다.

범상帆翔 날개를 편 채로 날갯짓을 하지 않고 상승기류를 타고 나는 방법으로, 말똥가리, 새매, 참매 등이 먹이를 찾을 때 볼 수 있다.

변환깃 오리류 수컷의 경우 번식깃은 화려하지만 번식이 끝난 뒤부터 다시 번식쌍을 이룰 때까지는 암컷과 같은 수수한 색깔이 되는데, 이를 변

환깃이라고 한다. 몸의 색깔은 암컷과 전혀 구별할 수 없는 경우도 있지만 부리의 색이나 날개의 패턴은 암컷과 구별되기도 한다. 계절적인 깃털갈이의 결과이다.

상우(想羽)(은행잎깃) 원앙 수컷의 세 번째 날개깃 중 가장 안쪽의 깃털 한 쌍이 주홍빛 부채 모양으로 크게 자라는 것

새끼새 새 알에서 깨어난 뒤 깃털이 다 갖추어질 때까지의 새

어린새 깃털이 완성된 뒤 첫 깃털갈이를 하기까지의 새. 보통은 태어난 해의 가을에 첫 깃털갈이를 한다. 작은 새의 경우에는 둥지를 떠난 뒤부터 어린새로 취급한다.

어미새(암컷 성조) 웬만큼 자라서 깃털 색에 큰 변화가 일어나지 않으며, 성적으로 성숙하여 번식 능력이 있는 새. 작은 새들은 태어난 이듬해 봄에 어미새 깃이 되기도 하지만, 수리류 등 큰 새는 몇 해씩 걸리기도 한다.

여름깃(번식깃) 번식과 관계있는 깃털. 예외적으로 쇠백로나 오리류 등에서는 1, 2월에 여름깃이 되는 경우도 있다.

여름새 봄에 동남아시아 등 남쪽으로부터 찾아와 우리나라에서 번식하고 가을에는 다시 남쪽으로 이동하는 새이다. 우리나라에서는 주로 4월 말에서 5월 초순부터 9월 초중순까지 머문다. 대표적인 새로는 꾀꼬리, 뻐꾸기, 제비, 백로류 등이 있다.

이소離巢 새끼가 완전히 성장하여 둥지를 떠나는 것. 이소하기 2~3일 전부터 둥지에서 외부 세계를 관찰하고 있다가 1마리씩 날아서 이소한다.

장식깃(치레깃) 주로 번식기에 나타나는 화려한 깃털을 말하며, 번식기가 끝나면 사라지는 경우가 많다. 장식깃이 나타나는 대표적인 새로 백로류가 있다.

정지 비행 날갯짓을 빠르게 하여 공중의 한 점에서 움직이지 않고 나는 방법

조성성早成性 부화 시에 이미 몸에 깃털이 나 있으며 곧 눈도 뜰 수 있고 몸을 일으킬 수 있는 새끼새를 말한다. 꿩이나 원앙의 새끼들이 이에 해당하며 부화 후에 스스로 먹이를 구해야 하기에 어미새를 따라 바로 둥지를 떠난다.

탁란托卵 자기 스스로 둥지를 만들지 않고 다른 새의 둥지에 알을 낳아 새끼를 키우도록 하는 것. 두견과의 새(뻐꾸기류)가 탁란을 하는 것으로 널리 알려졌지만 두견과 138종 가운데 탁란을 하는 것은 약 50종이다.

텃새 일정 지역(우리나라)에서 일 년 내내 관찰되는 새. 서식지에서 일 년 내내 상주하는 붙박이 텃새(까치, 참새, 직박구리 등)와 번식철과 다른 계절에는 서식지를 이동하는 떠돌이 텃새(소쩍새, 굴뚝새, 진박새 등)로 나뉜다.

포란 어미새 또는 부모새가 알을 품는 것

동궐의 새 목록

논병아리목 PODICIPEDIFORMES
논병아리과 Podicipedidae

종명	영어명	학명	본문쪽수
논병아리	Little Grebe	*Tachybaptus ruficollis*	164~165

황새목 CICONIIFORMES
백로과 Ardeidae

종명	영어명	학명	본문쪽수
검은댕기해오라기	Striated Heron	*Butorides striatus*	102~105
쇠백로	Little Egret	*Egretta garzetta*	-
왜가리	Grey Heron	*Ardea cinerea*	90~93
중대백로	Great Egret	*Egretta alba modesta*	94~97
해오라기	Black-crowned Night Heron	*Nycticorax nycticorax*	98~101
흰날개해오라기	Chinese Pond Heron	*Ardeola bacchus*	106~108

기러기목 ANSERIFORMES
오리과 Anatidae

종명	영어명	학명	본문쪽수
쇠오리	Common Teal	*Anas crecca*	158~161
원앙	Mandarin Duck	*Aix galericulata*	74~79
청둥오리	Mallard	*Anas platyrhynchos*	80~85
큰기러기	Bean Goose	*Anser fabalis*	162~163
흰뺨검둥오리	Spot-billed Duck	*Anas poecilorhyncha*	86~89

매목 FALCONIFORMES
수리과 Accipitridae

종명	영어명	학명	본문쪽수
말똥가리	Common Buzzard	*Buteo buteo*	282~283
붉은배새매	Chinese Sparrow Hawk	*Accipiter soloensis*	276~279
새매	Eurasian Sparrow Hawk	*Accipiter nisus*	70~71
참매	Goshawk	*Accipiter gentilis*	280~281

매과 Falconidae

종명	영어명	학명	본문쪽수
새호리기	Eurasian Hobby	*Falco subbuteo*	326~329
황조롱이	Common Kestrel	*Falco tinnunculus*	72~73

닭목 GALLIFORMES
꿩과 Phasianidae

종명	영어명	학명	본문쪽수
꿩	Ring-necked Pheasant	*Phasianus colchicus*	68~69
메추라기	Japanese Quail	*Coturnix japonica*	–

도요목 CHARADRIIFORMES
도요과 Scolopacidae

종명	영어명	학명	본문쪽수
깝작도요	Common Sandpiper	*Actitis hypoleucos*	114~115
꺅도요	Common Snipe	*Gallinago gallinago*	302~303

비둘기목 COLUMBIFORMES
비둘기과 Columbidae

종명	영어명	학명	본문쪽수
멧비둘기	Rufous Turtle Dove	*Streptopelia orientalis*	64~66
집비둘기	Domestic Pigeon	*Columba livia* var. *domestica*	–

두견이목 CUCULIFORMES

두견이과 Cuculidae

종명	영어명	학명	본문쪽수
검은등뻐꾸기	Indian Cuckoo	*Cuculus micropterus*	-
뻐꾸기	Common Cuckoo	*Cuculus canorus*	-

올빼미목 STRIGIFORMES

올빼미과 Strigidae

종명	영어명	학명	본문쪽수
소쩍새	Eurasian Scops Owl	*Otus scops*	260~263
솔부엉이	Brown Hawk Owl	*Ninox scutulata*	320~324

쏙독새목 CAPRIMULGIFORMES

쏙독새과 Caprimulgidae

종명	영어명	학명	본문쪽수
쏙독새	Grey Nightjar	*Caprimulgus indicus*	-

파랑새목 CORACIIFORMES

물총새과 Alcedinidae

종명	영어명	학명	본문쪽수
물총새	Common Kingfisher	*Alcedo atthis*	110~113
호반새	Ruddy Kingfisher	*Halcyon coromanda*	-

파랑새과 Coraciidae

종명	영어명	학명	본문쪽수
파랑새	Broad-billed Roller	*Eurystomus orientalis*	256~259

후투티과 Upupidae

종명	영어명	학명	본문쪽수
후투티	Hoopoe	*Upupa epops*	264~267

딱따구리목 PICIFORMES

딱따구리과 Picidae

종명	영어명	학명	본문쪽수
까막딱따구리	Black Woodpecker	*Dryocopus martius*	220~221
쇠딱따구리	Japanese Pygmy Woodpecker	*Dendrocopos kizuki*	200~203
아물쇠딱따구리	Grey-capped Woodpecker	*Dendrocopos canicapillus*	204~205
오색딱따구리	Great Spotted Woodpecker	*Dendrocopos major*	206~211
청딱따구리	Grey-headed Woodpecker	*Picus canus*	216~219
큰오색딱따구리	White-backed Woodpecker	*Dendrocopos leucotos*	212~214

참새목 PASSERIFORMES

제비과 Hirundinidae

종명	영어명	학명	본문쪽수
제비	Barn Swallow	*Hirundo rustica*	–

할미새과 Motacillidae

종명	영어명	학명	본문쪽수
노랑할미새	Grey Wagtail	*Motacilla cinerea*	124~127
백할미새	Black-backed Wagtail	*Motacilla lugens*	132~133
물레새	Forest Wagtail	*Dendronanthus indicus*	–
알락할미새	White Wagtail	*Motacilla alba*	128~130
힝둥새	Olive-backed Pipit	*Anthus hodgsoni*	182~183
흰눈썹긴발톱할미새	Yellow Wagtail	*Motacilla flava simillima*	194~195

직박구리과 Pycnonotidae

종명	영어명	학명	본문쪽수
직박구리	Brown-eared Bulbul	*Hypsipetes amaurotis*	46~49

때까치과 Laniidae

종명	영어명	학명	본문쪽수
노랑때까치	Brown Shrike	*Lanius cristatus*	242~243
때까치	Bull-headed Shrike	*Lanius bucephalus*	240~241
칡때까치	Thick-billed Shrike	*Lanius tigrinus*	244~245

여새과 Bombycillidae

종명	영어명	학명	본문쪽수
홍여새	Japanese Waxwing	*Bombycilla japonica*	148~149
황여새	Waxwing	*Bombycilla garrulus*	146~147

굴뚝새과 Troglodytidae

종명	영어명	학명	본문쪽수
굴뚝새	Winter Wren	*Troglodytes troglodytes*	62~63

지빠귀과 Turdidae

종명	영어명	학명	본문쪽수
개똥지빠귀	Dusky Thrush	*Turdus naumanni eunomus*	140~141
검은딱새	Common Stonechat	*Saxicola torquata*	252~253
검은지빠귀	Grey Thrush	*Turdus cardis*	174~175
노랑지빠귀	Naumann's Thrush	*Turdus naumanni naumanni*	142~143
되지빠귀	Grey-backed Thrush	*Turdus hortulorum*	246~247
딱새	Daurian Redstart	*Phoenicurus auroreus*	58~61
쇠유리새	Siberian Blue Robin	*Luscinia cyane*	118~119
울새	Rufous-tailed Robin	*Luscinia sibilans*	170~171
유리딱새	Red-flanked Bluetail	*Tarsiger cyanurus*	166~169
진홍가슴	Siberian Rubythroat	*Luscinia calliope*	292~293
호랑지빠귀	White's Thrush	*Zoothera dauma*	248~251
흰눈썹붉은배지빠귀	Eye-browed Thrush	*Turdus obscurus*	290~291
흰눈썹울새	Bluethroat	*Luscinia svecica*	172~173
흰눈썹지빠귀	Siberian Thrush	*Zoothera sibirica*	–
흰배지빠귀	Pale Thrush	*Turdus pallidus*	144~145

붉은머리오목눈이과 Panuridae

종명	영어명	학명	본문쪽수
붉은머리오목눈이	Vinous-throated Parrotbill	*Paradoxornis webbianus*	230~233

휘파람새과 Sylviidae

종명	영어명	학명	본문쪽수
노랑눈썹솔새	Yellow-browed Warbler	*Phylloscopus inornatus*	190~191
산솔새	Eastern Crowned Willow Warbler	*Phylloscopus coronatus*	270~271
상모솔새	Goldcrest	*Regulus regulus*	150~151
되솔새	Pale-legged Willow Warbler	*Phylloscopus tenellipes*	192~193
쇠솔새	Arctic Warbler	*Phyllosopus borealis*	192~193
숲새	Short-tailed Bush Warbler	*Urosphena squameiceps*	120~121
휘파람새	Japanese Bush Warbler	*Cettia diphone*	268~269

딱새과 Muscicapidae

종명	영어명	학명	본문쪽수
노랑딱새	Mugimaki Flycatcher	*Ficedula mugimaki*	178~180
솔딱새	Sooty Flycatcher	*Muscicapa sibirica*	176~177
쇠솔딱새	Asian Brown Flycatcher	*Muscicapa dauurica*	294~295
제비딱새	Grey-spotted Flycatcher	*Muscicapa griseisticta*	296~297
큰유리새	Blue-and-white Flycatcher	*Cyanoptila cyanomelana*	272~273
흰눈썹황금새	Tricolor Flycatcher	*Ficedula zanthopygia*	122~123

오목눈이과 Aegithalidae

종명	영어명	학명	본문쪽수
오목눈이	Long-tailed Tit	*Aegithalos caurdatus magnus*	54~57
흰머리오목눈이	Long-tailed Tit	*Aegithalos caudatus caudatus*	154~157

박새과 Paridae

종명	영어명	학명	본문쪽수
곤줄박이	Varied Tit	*Parus varius*	316~318
박새	Great Tit	*Parus major*	306~309
북방쇠박새	Willow Tit	*Parus montanus*	-
쇠박새	Marsh Tit	*Parus palustris*	310~313
진박새	Coal Tit	*Parus ater*	314~315

동고비과 Sittidae

종명	영어명	학명	본문쪽수
동고비	Eurasian Nuthatch	*Sitta europaea*	234~237
쇠동고비	Chinese Nuthatch	*Sitta villosa*	152~153

나무발발이과 Certhiidae

종명	영어명	학명	본문쪽수
나무발발이	Common Treecreeper	*Certhia familiaris*	286~287

동박새과 Zosteropidae

종명	영어명	학명	본문쪽수
한국동박새	Chestnut-flanked White-eye	*Zosterops erythropleurus*	300~301

멧새과 Emberizidae

종명	영어명	학명	본문쪽수
꼬까참새	Chestnut Bunting	*Emberiza rutila*	184~185
노랑눈썹멧새	Yellow-browed Bunting	*Emberiza chrysophrys*	188~189
노랑턱멧새	Yellow-throated Bunting	*Emberiza elegans*	238~239
쑥새	Rustic Bunting	*Emberiza rustica*	288~289
촉새	Black-faced Bunting	*Emberiza spodocephala*	186~187
흰배멧새	Tristram's Bunting	*Emberiza tristrami*	298~299

되새과 Fringillidae

종명	영어명	학명	본문쪽수
검은머리방울새	Siskin	*Carduelis spinus*	284~285
되새	Brambling	*Fringilla montifringilla*	138~139
밀화부리	Chinese Grosbeak	*Eophona migratoria*	116~117
양진이	Pallas's Rosefinch	*Carpodacus roseus*	-
콩새	Hawfinch	*Coccothraustes coccothraustes*	136~137
큰부리밀화부리	Japanese Grosbeak	*Eophona personata*	134~135

참새과 Ploceidae

종명	영어명	학명	본문쪽수
참새	Tree Sparrow	*Passer montanus*	50~53

찌르레기과 Sturnidae

종명	영어명	학명	본문쪽수
찌르레기	Grey Starling	*Sturnus cineraceus*	274~275
은빛찌르레기	Silky Starling	*Sturnus sericeus*	196~197

꾀꼬리과 Oriolidae

종명	영어명	학명	본문쪽수
꾀꼬리	Black-naped Oriole	*Oriolus chinensis*	254~255

까마귀과 Corvidae

종명	영어명	학명	본문쪽수
까치	Black-billed Magpie	*Pica pica*	40~45
어치	Jay	*Garrulus glandarius*	226~229
큰부리까마귀	Jungle Crow	*Corvus macrorhynchos*	222~225

참고문헌

국내도서

Olin Sewall Pteeingill 지음 · 권기정 외 옮김,《조류학》, 아카데미서적, 2000.
김연수,《사라져가는 한국의 새를 찾아서》, 당대, 2008.
김영준 외,《천연기념물(야생동물)의 구조 · 치료 및 관리》, 문화재청, 2005.
박상진,《궁궐의 우리 나무》, 눌와, 2001.
박종길 · 서정화,《한국의 야생조류 길잡이-산새》, 신구문화사, 2008.
서정화,《새들의 비밀》, 예림당, 2002.
송순창,《세밀화로 보는 한반도 조류 도감》, 김영사, 2005.
우종철,《여울이의 새 관찰일기》, 씽크하우스, 2008.
우한정 · 윤무부,《원색한국조류도감》, 아카데미서적, 1989.
원병오,《날아라 새들아》, 다른세상, 2001.
원병오,《원색도감 한국의 조류》, 교학사, 2003.
원병오,《하늘빛으로 물든 새》, 중앙M&B, 1998.
원병오,《한강하류 두루미류 도래실태 및 5대궁 야생조류서식실태 학술조사 보고서》, 경희대학교
    한국조류연구소, 1989.
이우신 외,《우리가 정말 알아야 할 우리 새소리 백가지》, 현암사, 2003.
이우신 외 글 · 김수만 사진,《쉽게 찾는 우리 새-강과 바다의 새》, 현암사, 2003.
이우신 글 · 김수만 사진,《우리가 정말 알아야 할 우리 새 백가지》, 현암사, 1994.
이우신 · 구태회 · 박진영,《야외원색도감 한국의 새》, LG상록재단, 2000.
채희영 · 김창회 · 백운기 · 오홍식,《조류생태학》, 아카데미서적, 2000.
폴 컬린저 지음 · 원병오 감수 · 신선숙 옮김,《세계의 철새 어떻게 이동하는가?》, 다른세상, 2005.

국외도서

桐原政志,《日本の鳥550 水邊の鳥》, 文一總合出版, 2000.
五百澤日丸,《日本の鳥550 山野の鳥》, 文一總合出版, 2004.
叶內駄哉,《日本の野鳥》, 山ち系谷社, 2005.
Christopher M. Perrins & Jonathan Elphich,《The Complete Encyclopedia of BIRDS and
    BIRD MIGRATIONS》, CHARTWELL BOOKS, INC., 2003.
David Chandler,《animal fact files BIRDS》, GREENWICH EDITIONS, 2005.
Richard Howard & Alick Moore,《The Howard and Moore Complete Checklist of the Birds of the
    World》, A & C Black Publishers Ltd., London 2003.

기타 자료

문화재청,〈궁궐의 새〉, 2007.
〈원병오 박사와 함께 하는 한국의 새〉 CD, 미디어채널.

찾아보기

한글명

ㄱ
개똥지빠귀 140~141
검은댕기해오라기 102~105, 109
검은딱새 252~253
검은머리방울새 284~285
검은지빠귀 174~175
곤줄박이 31, 34, 316~318, 319
굴뚝새 62~63
까막딱따구리 215, 220~221
까치 34, 40~45
깝작도요 114~115
꺅도요 302~303
꼬까참새 184~185
꾀꼬리 254~255
꿩 68~69

ㄴ
나무발발이 286~287
노랑눈썹멧새 188~189
노랑눈썹솔새 190~191
노랑딱새 178~180, 181
노랑때까치 242~243
노랑지빠귀 31, 142~143
노랑턱멧새 238~239
노랑할미새 37, 124~127, 131
논병아리 164~165

ㄷ
동고비 234~237
되솔새 192~193
되새 138~139
되지빠귀 28, 29, 246~247
딱새 58~61
때까치 240~241

ㅁ
말똥가리 282~283
멧비둘기 64~66, 67
물총새 110~113
밀화부리 116~117

ㅂ
박새 306~309, 319
백할미새 131, 132~133
붉은머리오목눈이 230~233
붉은배새매 24, 276~279

ㅅ
산솔새 270~271
상모솔새 150~151
새매 70~71
새호리기 326~329
소쩍새 260~263, 325
솔새 176~177, 181
솔부엉이 320~324, 325
쇠동고비 152~153
쇠딱따구리 200~203, 215
쇠박새 310~313, 319

쇠솔딱새 181, 294~295
쇠솔새 192~193
쇠오리 158~161
쇠유리새 118~119
숲새 120~121
쑥새 288~289

ㅇ
아물쇠딱따구리 204~205, 215
알락할미새 128~130, 131
어치 226~229
오목눈이 54~57
오색딱따구리 31, 206~211, 215
왜가리 37, 90~93
울새 170~171
원앙 25~27, 36, 74~79
유리딱새 166~169
은빛찌르레기 21, 196~197

ㅈ
제비딱새 181, 296~297
중대백로 94~97, 109
직박구리 31, 46~49
진박새 314~315, 319
진홍가슴 292~293
찌르레기 274~275

ㅊ
참매 280~281
참새 50~53
청둥오리 36, 80~85

청딱따구리 215, 216~219
촉새 186~187
칡때까치 244~245

ㅋ
콩새 136~137
큰기러기 162~163
큰부리까마귀 222~225
큰부리밀화부리 134~135
큰오색딱따구리 212~214, 215
큰유리새 181, 272~273

ㅍ
파랑새 256~259

ㅎ
한국동박새 300~301
해오라기 37, 98~101, 109
호랑지빠귀 248~251
홍여새 148~149
황여새 146~147
황조롱이 72~73
후투티 264~267
휘파람새 268~269
흰날개해오라기 106~108, 109
흰눈썹긴발톱할미새 131, 194~195
흰눈썹붉은배지빠귀 290~291
흰눈썹울새 172~173
흰눈썹황금새 122~123, 181
흰머리오목눈이 154~157
흰배멧새 298~299
흰배지빠귀 144~145
흰뺨검둥오리 86~89
힝둥새 131, 182~183

영어명

A
Arctic Warbler 192~193
Asian Brown Flycatcher 294~295

B
Bean Goose 162~163
Black Woodpecker 220~221
Black-backed Wagtail 132~133
Black-billed Magpie 40~45
Black-crowned Night Heron 98~101
Black-faced Bunting 186~187
Black-naped Oriole 254~255
Blue-and-white Flycatcher 272~273
Bluethroat 172~173
Brambling 138~139
Broad-billed Roller 256~259
Brown Hawk Owl 320~324
Brown Shrike 242~243
Brown-eared Bulbul 46~49
Bull-headed Shrike 240~241

C
Chestnut Bunting 184~185
Chestnut-flanked White-eye 300~301
Chinese Grosbeak 116~117
Chinese Nuthatch 152~153
Chinese Pond Heron 106~108
Chinese Sparrow Hawk 276~279
Coal Tit 314~315
Common Buzzard 282~283
Common Kestrel 72~73
Common Kingfisher 110~113
Common Sandpiper 114~115
Common Snipe 302~303
Common Stonechat 252~253
Common Teal 158~161
Common Treecreeper 286~287

D
Daurian Redstart 58~61
Dusky Thrush 140~141

E
Eastern Crowned Willow Warbler 270~271
Eurasian Hobby 326~329
Eurasian Nuthatch 234~237
Eurasian Scops Owl 260~263
Eurasian Sparrow Hawk 70~71
Eye-browed Thrush 290~291

G
Goldcrest 150~151
Goshawk 280~281
Great Egret 94~97

Great Spotted Woodpecker 206~211
Great Tit 306~309
Grey Heron 90~93
Grey Starling 274~275
Grey Thrush 174~175
Grey Wagtail 124~127
Grey-backed Thrush 246~247
Grey-capped Woodpecker 204~205
Grey-headed Woodpecker 216~219
Grey-spotted Flycatcher 296~297

H
Hawfinch 136~137
Hoopoe 264~267

J
Japanese Bush Warbler 268~269
Japanese Grosbeak 134~135
Japanese Pygmy Woodpecker 200~203
Japanese Waxwing 148~149
Jay 226~229
Jungle Crow 222~225

L
Little Grebe 164~165
Long-tailed Tit 154~157
Long-tailed Tit 54~57

M
Mallard 80~85
Mandarin Duck 74~79
Marsh Tit 310~313
Mugimaki Flycatcher 178~180

N
Naumann's Thrush 142~143

O
Olive-backed Pipit 182~183

P
Pale Thrush 144~145
Pale-legged Willow Warbler 192~193

R
Red-flanked Bluetail 166~169
Ring-necked Pheasant 68~69
Rufous Turtle Dove 64~66
Rufous-tailed Robin 170~171
Rustic Bunting 288~289

S
Short-tailed Bush Warbler 120~121
Siberian Blue Robin 118~119
Siberian Rubythroat 292~293
Silky Starling 196~197
Siskin 284~285

Sooty Flycatcher 176~177
Spot-billed Duck 86~89
Striated Heron 102~105

T
Thick-billed Shrike 244~245
Tree Sparrow 50~53
Tricolor Flycatcher 122~123
Tristram's Bunting 298~299

V
Varied Tit 316~318
Vinous-throated Parrotbill 230~233

W
Waxwing 146~147
White's Thrush 248~251
White Wagtail 128~130
White-backed Woodpecker 212~214
Winter Wren 62~63

Y
Yellow Wagtail 194~195
Yellow-browed Bunting 188~189
Yellow-browed Warbler 190~191
Yellow-throated Bunting 238~239

동궐의 우리 새

초판 1쇄 인쇄일 2009년 11월 16일
초판 1쇄 발행일 2009년 11월 20일

지은이	장석신
펴낸이	김효형
펴낸곳	(주)눌와
등록번호	1999. 7. 26. 제10-1795호
주소	서울시 마포구 성산동 617-8 2층
전화	02. 3143. 4633
팩스	02. 3143. 4631
E-mail	nulwa@chol.com
편집	김선미 강승훈
디자인	김덕오
마케팅	최은실 유원식
출력	한국커뮤니케이션
종이	한서지업사
인쇄	미르인쇄
제본	영신사

ⓒ 장석신, 2009
ISBN 978-89-90620-26-2 03490

책값은 뒤표지에 표시되어 있습니다.

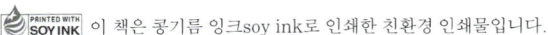 이 책은 콩기름 잉크soy ink로 인쇄한 친환경 인쇄물입니다.